CorelDRAW X8
图形图像创意设计与表现

崔建成　徐　润　卢琪琪　编著

清华大学出版社
北 京

内 容 简 介

本书采用循序渐进的方法，全面、系统地讲解了 CorelDRAW X8 的全部命令、功能和使用技巧。文中穿插提示，章节之后都有实例解析，相信每一位读者学习后，都能够尽快地进入平面艺术设计的大门，不仅掌握了 CorelDRAW X8 软件中相关工具的使用技巧，还对平面艺术作品完整的设计过程有一个较清楚的了解。

全书共分为 9 章，第 1 章为 CorelDRAW X8 图形图像创意设计与表现概述；第 2~9 章分别从字体创意设计、标志设计、广告招贴设计、图形图像设计、版式设计、包装创意设计、书籍装帧设计、UI 界面设计等角度，结合不同作品（案例）进行分析阐述，通过大量精彩实用案例的具体操作，对相关知识点进行巩固练习；把枯燥的基础知识贯穿于案例中，通过具体的案例操作对相关知识进行巩固和练习，以培养读者自我创作与应用能力；"知识卡片"等内容的延伸，将进一步开拓读者视野，以达到电脑技术与艺术创意的完美结合。

本书章节安排合理，内容通俗易懂，信息量高，适合广大电脑美术设计爱好者自学或参考使用。

图书在版编目（CIP）数据

CorelDRAW X8图形图像创意设计与表现 / 崔建成，徐润，卢琪琪编著. —北京：清华大学出版社，2019
ISBN 978-7-302-51885-3

Ⅰ. ①C… Ⅱ. ①崔… ②徐… ③卢… Ⅲ. ①图形软件 Ⅳ. ①TP391.41

中国版本图书馆CIP数据核字（2018）第283399号

责任编辑：邓　艳
封面设计：刘　超
版式设计：王凤杰
责任校对：张慧蓉
责任印制：董　瑾

出版发行：清华大学出版社
网　　址：http://www.tup.com.cn，http://www.wqbook.com
地　　址：北京清华大学学研大厦 A 座　　邮　编：100084
社 总 机：010-62770175　　邮　购：010-62786544
投稿与读者服务：010-62776969，c-service@tup.tsinghua.edu.cn
质 量 反 馈：010-62772015，zhiliang@tup.tsinghua.edu.cn
印 装 者：北京博海升彩色印刷有限公司
经　　销：全国新华书店
开　　本：185mm×260mm　　印　张：15.5　　字　数：405千字
版　　次：2019 年 3 月第 1 版　　印　次：2019 年 3 月第 1 次印刷
定　　价：69.80 元

产品编号：081586-01

前言
PREFACE

  CorelDRAW是Corel公司开发的，集图形绘制、版面设计、位图编辑等多种功能为一身的图形设计专业矢量软件，是目前主流的设计软件之一。它的功能强大，深受平面设计师的喜爱，在广告招贴设计、标志设计、字体设计、装饰画、图形、图案设计、版式设计等多个领域发挥着重要的作用。

  CorelDRAW X8是Corel公司目前发布的最新版本，在继续保持原有强大功能的基础上，新版本在色彩编辑、绘图造型、照片编辑和版面设计等方面增加了很多功能，可以让设计师更加轻松、快捷地完成设计项目。

  全书共分为9章，内容全面，语言通俗，结构清晰，操作步骤讲解详细。第1章为CorelDRAW X8图形图像创意设计与表现概述；第2~9章分别从字体创意设计、标志设计、广告招贴设计、图形图像设计、版式设计、包装创意设计、书籍装帧设计、UI界面设计等角度，结合不同作品（案例）进行分析阐述，通过大量精彩实用案例的具体操作，对相关知识点进行巩固练习；把枯燥的基础知识贯穿于案例中，通过具体的案例操作对相关知识进行巩固和练习，以培养读者自我创作与应用能力；"知识卡片"等内容的延伸，将进一步开拓读者视野，以达到电脑技术与艺术创意的完美结合（章节中提到的素材可扫对应二维码获取）。

  本书由崔建成、徐润、卢琪琪编著。由于时间紧迫，加之笔者水平有限，书中不妥之处在所难免，恳请各位读者批评指正。

  特别声明：书中引用的有关作品及图片仅供教学分析使用，版权归原作者所有，由于获得渠道的原因，没有加以标注，恳请谅解并对其表示衷心感谢！

编　者

目录

CONTENTS

第1章 ●●●
CorelDRAW X8图形图像创意 设计与表现概述

1.1 浏览CorelDRAW X8界面

　　和以前的版本一样，CorelDRAW X8的工作窗口主要由标题栏、各种屏幕组件、状态栏以及各种窗口控制按钮等组成，这些组件的形状和外观及其操作方法完全符合Windows应用程序的传统风格，图1-1所示为CorelDRAW X8的工作窗口。

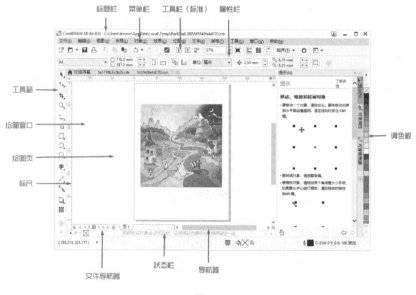

图1-1

1. 标题栏

　　像所有的Windows风格的应用程序一样，标题栏位于工作窗口的顶部，在默认情况下，CorelDRAW X8的应用程序标题栏和文档标题栏在一起，所以标题栏上会同时显示当前应用程序的名称和文档名称。当新建图形未命名时，标题栏会显示"未命名1"；若打开的是一个已存盘文件，则此处显示的是当前的文件名。

CorelDRAW X8的标题栏由3部分组成，左上角图标为窗口控制菜单按钮，单击它将打开应用程序窗口控制菜单，其中有"恢复""移动""大小""最小化""最大化""关闭"6项。"恢复"命令具有"还原"按钮的功能；"移动""大小"用来重新定义窗口的位置和大小；"最大化""最小化""关闭"3个命令具有"最大化"按钮、"最小化"按钮及"关闭"按钮的功能。关闭应用程序也可以使用快捷键Alt+F4，它是Windows中的通用快捷键。

2. 菜单栏

菜单栏默认位于标题栏的下方，以菜单命令的方式提供了CorelDRAW X8的几乎所有功能，是进行编辑、特效处理、视图管理、位图编辑等最主要的工具，用户可以根据自己的需要进行自定义。CorelDRAW X8的菜单栏中有文件、编辑、视图、布局、对象、效果、位图、文本、表格、工具、窗口、帮助共12个主菜单项。各个菜单下都包含了丰富的菜单命令，带有"▲"的表示该项下方还有下拉菜单，带有"…"3个小圆点的表示将会弹出对话框。灰色的选项表示当前不可用，如图1-2所示。

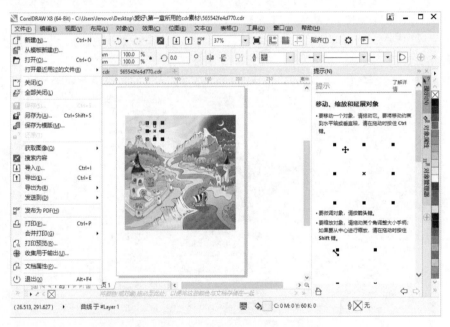

图1-2

3. 标准工具栏

标准工具栏默认位于菜单栏的下方，它以按钮的形式提供了CorelDRAW X8的基本操作工具。它其实是菜单栏中所提供的常用命令的快捷方式，从而简化了许多工作步骤。用户也可以对其进行设置，以满足不同需求。同时，当用户将鼠标光标移动到按钮上时，系统将自动显示该按钮相关的注释文字。图1-3所示为系统默认时的标准工具栏。

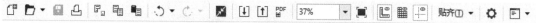

图1-3

4. 属性栏

属性栏默认位于标准工具栏的下方。属性栏用来显示当前选定对象的各种属性，它随着用户选定的对象或者进行的操作的不同而不断变化着。用户可以通过改变属性栏中的数值来完成对选定对象的各种设置和变换。在一些工具的属性栏中，用户还可以设定工具的性质。属性栏与各种工具相结合，可以创造出各种特殊效果。默认显示当前空白文档的页面大小、纸张类型、默认字体等属性。图1-4显示了在没有选中任何对象情况下的属性栏。

图1-4

5. 工具箱

工具箱位于窗口的左边，包括各种基本绘图工具、文本工具、填充工具、选取工具和特殊效果工具等，另外有些工具按钮右下角有一个小三角形标记表示有一些工具隐藏在弹出式菜单中。同时使用鼠标右键单击某个工具，可以打开或隐藏相关内容，如图1-5所示。

6. 标尺

标尺是CorelDRAW X8用户页面上的一组精确定位工具，包括水平标尺和垂直标尺两种，主要用来作为在绘图工作上进行页面准确定位的依据。CorelDRAW X8允许用户指定标尺的原点、度量单位等属性。在标尺上按住鼠标左键不放，并向绘图区拖动鼠标，即可拖出一条辅助线。

7. 导航器

导航器是在CorelDRAW X8中进行多页文档浏览的最方便的工具。如图1-6所示，用户利用它可以在同一图形文件中创建多页文档，它能够显示当前文档的总页数、当前的页码数，并且可以通过各个功能按钮来进行上下翻页浏览或者直接切换到文档首页、尾页等。

图1-5

8. 状态栏

状态栏位于窗口的下方，如图1-7所示，可提供更多、更详细的对象信息。不仅可以显示当前鼠标光标的纵横坐标信息、填充颜色、轮廓颜色，当前使用的绘图工具名称，当前绘制的图形对象的名称以及所在的图层信息等，而且还能显示当前绘制的图形对象的大小及中心点位置信息等。

図1-6　　　　　　　　　　　　図1-7

9. 调色板

调色板垂直位于工作窗口的右侧，为用户的图形提供标准填充色，或者改变选定对象的轮廓线颜色。当选定某个对象时，在某一色块上单击左键即可填充该色。在默认状态下，使用的是默认的CorelDRAW X8调色板。单击调色板上下两侧的黑色三角箭头可以依次拉出所选调色板的全部颜色，也可以单击调色板最下端的向左箭头，把调色板全部打开。用户可以根据自己的需要调用不同的调色板，有两种转换途径：一是单击鼠标右键，在弹出的快捷菜单中选择调色板；二是单击菜单"窗口"→"调色板"中相关调色板编辑器。图1-8所示为调色板"编辑"对话框。在CorelDRAW X8中，调色板能够应用系统颜色库所提供的各种色库，同时用户也可以创建自定义类型的调色板。用户可以在其中定义填充色、轮廓色、移动到起点、移动到终点，以及新建、打开、保存调色板等。若在其中单击了定制选项，会打开选项对话框，让用户设置调色板的各选项。

図1-8

10. 滚动条

滚动条和基于Windows操作系统下的应用程序一样，滚动条可以说是使用频率最高、操作最为简便的浏览工具了。位于工作区下面的水平方向的滚动条，能够提供左右移动，从而浏览宽度超过屏幕显示范围之外的文档区域；右边的垂直滚动条提供上下翻页功能。用户可以单击滚动条两端的箭头来浏览文档，也可以拖动滚动条上的滑块来实现快速浏览。

11. 窗口控制按钮

窗口控制按钮位于CorelDRAW工作窗口的右上角，包括最大化、最小化和关闭3个按钮，主要用来控制CorelDRAW X8工作窗口或者文档窗口的显示方式。

12. 工作区（绘图窗口）

工作区是用户工作时的可用空间，当多文件显示或多窗口显示时，可以用滚动条或者导航器进行调节，以达到最佳效果。多页显示时，可以用导航器翻页。常用的工具箱竖放于工作窗口的左侧，它提供了最为快捷的图形工具、效果工具和文本工具，用户可以设置CorelDRAW X8的工作窗口。

13. 绘图区（绘图页）

绘图区也就是所谓的绘图页面。用户最终的作品将展示在该页面区域内，可以通过属性栏中的纸张类型/大小下拉列表框对该页面的大小和类型进行设置。

1.2 CorelDRAW X8菜单栏

在CorelDRAW X8中，菜单栏以菜单命令的方式涵盖该软件的几乎全部功能。使用各菜单栏中所提供的相关菜单命令，也可以完成大部分的操作（除了绘制基本图形对象以外）。本节首先介绍CorelDRAW X8菜单栏中各菜单或者菜单命令的常规使用方法。

下面分别介绍CorelDRAW X8中各个菜单最主要的功能。

1. 文件菜单

文件菜单的内容与其他Windows应用程序的文件菜单一样，主要用来进行文档操作。CorelDRAW X8的文件菜单包括二十多个菜单命令，主要用来进行各种文档的基本操作。根据各菜单命令使用范围的不同大致可以分为6大类。

（1）文档基本操作类命令：可以执行新建空白文件、根据模板创建空白文件、打开某一存盘文件等功能。

（2）文件保存类命令：主要用来保存文件、关闭文件或者还原文件等。

（3）文件交换类命令：允许用户向CorelDRAW X8中导入由数字相机或者其他外部设备得来的图像，或者把在CorelDRAW X8绘制或者处理的图形对象输出到Internet网络等。

（4）将图像输出到其他打印操作、设置打印机属性以及进行打印预览等。

（5）文档信息类命令：主要用来控制当前图形对象所使用的版本号，以及该文件的保存位置等信息。

（6）选择"退出"命令，能够退出CorelDRAW X8。

使用文件菜单，还可以显示文档信息及版本控制信息。为了方便查询，在文件菜单的下方，显示最近5次打开过的图形文档的名称，可以提高工作效率。在一些命令后面带有组合键，例如新建命令后带有"Ctrl+N"，这表示"Ctrl+N"是该命令的快捷键。可以在工作状态下，使用此快捷键新建文件。掌握快捷方式有利于用户提高工作效率。有一些菜单命令的后面跟着一个黑色的小三角符号，表示在此命令下面还有下级子菜单。但并不是该菜单中所有命令都能够被选择和执行，只有在菜单中的命令项显示为黑色时才可以运行该功能；如果显示为灰色，则表示该命令在当前的操作中不能执行。

2. 编辑菜单

在CorelDRAW X8中，按"Alt+E"快捷键，将打开编辑菜单。编辑菜单主要提供各种常规编辑操作，例如撤销与恢复操作、剪切、复制、粘贴、选择性粘贴操作、删除与全选操作等。利用编辑菜单中的查找或者替换命令能够在当前文档中查找或替换指定的字符，利用链接或对象命令允许对以链接方式插入到文档中的各类数据进行编辑。此外，编辑菜单中还提供了全部选定功能，使用"全选"子菜单中的相关命令能够迅速地选定"当前文档中的全部对象""只选定文档中的全部文本"和"只选定文档中的辅助线或节点"等。

3. 视图菜单

视图菜单中的各命令主要用来控制当前文档的视图模式以及工作窗口的显示方式。按"Alt+V"快捷键，将打开编辑菜单。CorelDRAW X8的视图菜单提供了19个菜单命令。这些命令可以分为：① 视图属性类命令，主要用于改变CorelDRAW X8的视图模式，包括切换到线框、简单线框、草稿、正常、增强和使用叠印增强6个命令；② 预览方式类命令，提供了灵活方便的预览方式，可以选择全屏幕预览，也可以进行局部放大来编辑对象的细节等；③ 窗体属性类命令，主要用来改变CorelDRAW X8窗口的外观形状，显示或者隐藏各种屏幕组件（包括显示或者隐藏标尺、网格线等），指定出血、可打印区域的范围以及使用文档结构图方式等；④ 辅助工具类命令，包括开启、关闭用户页面的一些辅助设置，使用户能够更有效率地完成工作；⑤ 设置类命令，包括标尺、辅助线、网格设置及对齐、贴近辅助线等设置。

4. 布局菜单

版面菜单中的各命令提供了多种版面设置方式，如插入页、删除页、重命名页，以及快速定位到多页文档中的指定页码等。此外，在CorelDRAW X8中，版面菜单中还提供了调整文档页面的各种方式，包括设置文档各页的切换方式、调整页面的大小或者进行页面背景设置等。版面菜单在进行绘图时，对作品中的文档进行组织和管理是必不可少的。

5. 对象菜单

在绘制较为复杂的图形时，有时需要同时处理好几个图形对象，它们的相对位置、颜色的填充等操作都要借助于排列菜单中的相关命令来完成。CorelDRAW X8还提供了对象群组的操作功能，可以运用该菜单来进行群组的排列和整理，使之对齐、相交、修剪、焊接、分隔或者转换为曲线；还可以在使用多图层工作时，使图像在不同的图层间移动。

排列菜单提供了以下3项功能。

- **变换功能**：对选定的对象进行位置、旋转、缩放、大小、倾斜等5种变换方式，因而可以对已创建的对象进行修改。
- **对多个对象的控制**：用户可以设置多个对象的对齐及分布方式和顺序。在同一图层内，用户可以设定对象的排列关系，可以把对象移到本图层的最前面，也可以使对象向前进一层等操作。为了编辑方便，用户可以把多个对象进行群组合并，使其在操作时成为一个整体。对于多个对象，可以对它们进行相交、修剪、焊接等处理。
- **转换功能**：用户可以把对象（包括文本）转换为曲线对象，以便对其进行更加灵活的编辑，用户也可以把轮廓转换为封闭对象，对其可以进行填充和定义笔画。

6. 效果菜单

效果菜单提供了更为丰富的交互式图形效果工具，使用它们能够生成各种各样的特殊图形效果。可调整位图图像的颜色，使用各种精确变换工具，设置和使用自然笔工具，绘制各种流畅自然的效果，为图像添加各种透镜以及添加透视效果，把对象放置到容器，把某些效果组合起来添加到一个对象中去等。效果菜单和一些交互式工具相结合，可以使创作的作品达到一个新的艺术高度，此外效果菜单中的底部还提供了各类特殊的复制命令。

7. 位图菜单

该菜单包括了20条命令，主要用来在CorelDRAW X8中转换和处理位图图像，并且能够对选定的位图应用各种特殊效果。CorelDRAW X8中对于位图的修饰功能有了进一步的加强，用户可以利用位图菜单对导入的位图文件进行各种编辑和修饰操作；可以增加各种特殊效果，三维效果、艺术效果、模糊、颜色转换、轮廓图、创造性、变换、杂点、锐化插件等；可以对位图进行专业化的修饰；可以把矢量图像转换为位图文件（用户可以采用不同的转换模式）；可以对所产生的位图文件进行一些修饰，如扩充位图边框、使用位图颜色遮罩等；还可以让二维位图图像产生如浮雕、透视、挤压、映射、卷页、球面等特殊视觉效果。CorelDRAW X8作为一个很好用的矢量图形图像软件，在处理基于矢量绘图方法的图形时处理速度相当快；位图由于其构图方法的不同，当进行某些编辑工作时，处理的速度会明显地变慢。

8. 文本菜单

CorelDRAW X8不仅是一个图形图像处理软件，它还能够直接处理文本。使用文本菜单，用户可以录入文本、编辑文本、格式化文本；可以使文本适合于路径，使文本适合于文本框；可以在美术字文本和段落文本之间进行转换，使用书写工具，使文本转化为超文本等。在完成文本的导入和编辑后，还可以显示统计信息和非打印字符等。我们可以用CorelDRAW X8的文字菜单进行复杂的文本编排：可以建立美术字文本或段落文本，编辑文字以及对文本进行格式化，还可以实现精美的图文混排等操作。此外，它还提供了CorelDRAW文本格式与HTML文本格式的相互转化，为用户制作精美的网页提供了方便。

9. 表格菜单

CorelDRAW X8的表格菜单是新增菜单，极大地方便了用户的使用。使用表格菜单，用户不仅可以创建表格，而且还可以合并、拆分单元格，且每个单元格都自成一体，具有填充等功能。

10. 工具菜单

工具菜单主要用来对CorelDRAW X8的各种基本工具、各种屏幕组件以及工作窗口本身进行设置和管理。在新版本中，工具菜单中提供了强大的管理器阵容，包括对象管理器、链接管理器、颜色管理器、视图管理器和Internet书签管理器等。此外，还提供了CorelDRAW X8的各种符号和剪贴画。

11. 窗口与帮助菜单

CorelDRAW X8的窗口菜单除了常规的新建窗口、关闭窗口、多文档窗口设置（层叠、水平和垂直）、显示打开文档名外，还把各种窗口组件，包括管理器、对话框、调色板等集成在其中，用户可以在此处打开或隐藏它们。用户可以在窗口菜单中选择不同的多窗口显示方式，如层叠窗口、水平平铺窗口、垂直平铺窗口等。

在窗口菜单中可以找到许多命令菜单，特别是在泊邬窗中可以打开许多类似浮动面板一样的窗口菜单。

1.3　图形图像创意设计概述

设计是有目的的策划，包括很广的设计范围和门类：建筑，工业、环艺、装潢、展示、服装、平面设计等，在平面设计中需要用视觉元素来传播作者的设想和计划，用文字和图形把信息传达给受众，让人们通过这些视觉元素了解个人的设想和计划，这才是设计的定义。一个视觉作品的生存底线，应该看它是否具有感动他人的能量，是否顺利地传递出背后的信息，事实上它更像人际关系学，依靠魅力来征服对象。

设计是科技与艺术的结合，是商业社会的产物，在商业社会中需要艺术设计与创作理想的平衡，需要客观与克制。

设计与美术不同，因为设计既要符合审美性，又要具有实用性、替人设想、以人为本，设计是一种需要，而不仅仅是装饰、装潢。

设计是必须具有科学的思维方法，能在相同中找到差别，能在不同当中找到共同之处，能掌握运用各种思维方法，如纵向关联思维和横向关联思维以及发散式的思维，善于运用科学的思维方式找到奇特的新的视觉形象，才能不断发现新的可能。

设计没有完成的概念，设计需要精益求精，不断地完善，需要挑战自我，向自己宣战。设计的关键之处在于发现，只有不断通过深入的感受和体验才能做到。打动别人对设计师来说是一种挑战，设计要让人感动，足够的细节本身就能感动人，图形创意本身能打动人，色彩品位能打动人，材料质地能打动人……把设计的多种元素进行有机艺术化组合，如图1-9所示。

图1-9

1.平面设计分类

目前常见的平面设计项目，可以归纳为十大类：网页设计、包装设计、DM广告设计、海报设计、平面媒体广告设计、POP广告设计、样本设计、书籍设计、刊物设计和VI设计。

2.平面设计的定义

平面设计是将不同文字、色彩和图形等视觉元素，按照一定的规则在平面上组合成图案。其主要表现在二度空间范围之内。平面设计所表现的立体空间感并非实在的三度空间，而仅仅是图形对人的视觉引导作用形成的幻觉空间，如图1-10和图1-11所示。

图1-10

图1-11

3.平面设计术语

◐ **和谐**：从狭义上理解，和谐的平面设计，其统一与对比之间不是乏味单调或杂乱无章的。从广义上理解，是在判断两种以上的要素，或部分与部分的相互关系时，各部分给受众的感觉和意识是一种整体协调的关系。

◐ **对比**：又称对照，把质或量反差很大的两个要素成功地搭配在一起，使人感觉设计效果鲜明强烈而又具有统一感，使主体更加突出、作品更加活跃。

◐ **对称**：假定在一个图形的中央设定一条垂直线，将图形分为相等的左右两个部分，其左右两个部分的图形完全相等，这就是对称图。

◐ **平衡**：从物理上理解指的是重量关系，在平面设计中指的是根据图像的形量、大小、轻重、色彩和材质的分布作用与视觉判断上的平衡。

◐ **比例**：是指部分与部分，或部分与全体之间的数量关系。比例是构成设计中一切单位大小，以及各单位间编排组合的重要因素。

◐ **重心**：画面的中心点，就是视觉的重心点。画面图像轮廓的变化、图形的聚散、色彩或明暗的分布都可对视觉中心产生影响。

◐ **节奏**：具有时间感的节奏用于在构成设计上，是指以同一要素连续重复时所产生的运动感。

◐ **韵律**：在平面构成中，单纯的单元组合重复易显得单调，由规律变化的形象在色群间以数比、等比处理排列，使之产生音乐的旋律感，称为韵律。

4. 平面设计的元素

平面设计从广义上讲包括概念元素、视觉元素、关系元素和实用元素。

◐ **概念元素**：即那些不实际存在的、不可见的，但人们的意识又能感觉到的东西。例如我们看到尖角的图形，感到上面有点，物体的轮廓上有边缘线。概念元素包括点、线、面。

◐ **视觉元素**：概念元素不在实际的设计中加以体现，它将是没有意义的。概念元素通常是通过视觉元素体现的，视觉元素包括图形的大小、形状、色彩等。

◐ **关系元素**：视觉元素在画面上如何组织、排列，是靠关系元素来决定的。包括方向、位置、空间、重心等。

◐ **实用元素**：指设计所表达的含义、内容、设计目的及功能。

1.4 形式美的规律

形式美是美学名词，指客观事物和艺术形象在形式上（外表所呈现）的美。绘画中的线条、色彩，工艺美术造型、纹饰，音乐的音调、旋律等都是美的。只有美的形式才能表现美的内容。但是，承认和强调形式的美，不等于形式主义者所说的美只在形式，与内容无关。

形式对内容来说，有本质的和非本质的形式，有直接表达和间接表达的形式。形式有它相对的独立因素。内容决定形式，形式反作用于内容。在现实的设计中要认真对待这种"反作用"，利用这种"反作用"的"奇能"，使设计不受直接表达的限制，创造出更新颖的艺术形式。

设计的形式美应是一种特殊的艺术形式。它能显示出一种力量。自然形态的美，它不能直接地为运用提供适应的条件，必须通过艺术的手段改造自然形态，才能发挥它的独特的作用。因而，形象愈高度概括，形式也就愈鲜明。通过对自然的提炼、精简、单纯化把形象高度地概括起来，使其典型化。这些概括所表现出来的就是形式。形式美有自身的法则，有它自己的规律。找到了美的规律、美的法则，便有利于造型设计及形式美的创造。

变化与统一是应用美术设计的总规律。

1. 变化

变化是指性质相异的图形要素并置一起所产生的显著对比的感觉。变化处理得当，画面显得对比有致、生动活泼；处理不得当，画面则显得杂乱无章，没有秩序，如图1-12所示。

2. 统一

统一指由性质相同或相似的图形要素并置一起所产生的一致或一致的感觉。统一在画面中产生一致、完整、规律、秩序、和谐的效果。但如处理得不当，画面则呆板、单调、简单，如图1-13所示。

变化与统一的关系是二者的对立与统一。任何设计的作品中都是由这两种关系所构成，只不过是两者在画面中的侧重表现有所不同。有的是统一在画面占主导地位，有的是对立在画面中占统治位置。变化与统

图1-12

一在任何时候都是相对的。在具体的设计中应是在变化中求统一，或在统一中求变化。变化使画面生动、有生气；统一使画面完整、和谐。画面统一与变化的具体表现形式有以下几种式样。

> **形的变化：** 大小、曲直、粗细、长短等。
> **色的变化：** 浓淡、冷暖、明暗、强弱等。
> **构图的变化：** 疏密、虚实、高低、不对称等。
> **形的统一：** 类似形、相似形的要素等。
> **色的统一：** 同类色、同种色等。
> **构图的统一：** 对称、平排、复排等。

形式美的规律，以"多样性的统一"为最高原则，使复杂多样性统一为整体，如图1-14所示。

图1-13　　　　　　　　　　　　　　　　　　　图1-14

1.5　形式美的基本法则

形式美是一种具有相对独立性的审美对象。它与美的形式之间有质的区别。美的形式是体现合乎规律性、合乎目的性的本质内容的那种自由的感性形式，也就是显示人的本质力量的感性形式。形式美与美的形式之间的重大区别表现在：首先，它们所体现的内容不同。美的形式所体现的是它所表现的那种事物本身的美的内容，是确定的、个别的、特定的、具体的，并且美的形式与其内容的关系是对立统一，不可分离的。而形式美则不然，形式美所体现的是形式本身所包容的内容，它与美的形式所要表现的那种事物美的内容是相脱离的，而单独呈现出形式所蕴有的朦胧、宽泛的意味。其次，形式美和美的形式存在方式不同。美的形式是美的有机统一体不可缺少的组成部分，是美的感性外观形态，而不是独立的审美对象。形式美是独立存在的审美对象，具有独立的审美特性。

随着科技文化的发展，对美的形式法则的认识将不断深化。形式美法则不是僵死的教条，要灵活体会，灵活运用。

按照"多样性的统一"原则，常见的形式法则有以下几种。

1．对称与不对称

对称的形态在视觉上有自然、安定、均匀、协调、整齐、典雅、庄重、完美的朴素美感，符合人们的视觉习惯。

对称分为均齐和相对均齐式两类。均齐式指在一中心线或中心点左右、上下或四面配置同形、同色、同量的图形所组成的形式。相对均齐式是指在一中心线或中心点的左右、上下或四周配置不同形（或不同色）的相似或量相同的图形组成的形式，如图1-15所示。

不对称是对称的反面，分为均衡与非均衡两类。对称与不对称是指图形占据空间位置的状况而言。

图1-15

2．节奏与韵律

节奏原为音乐术语。在设计中节奏是指在图形变化中所做的有秩序的间歇运动，是条理与反复组织规律的具体体现。它是以一个或一组图形做反复、有条理、有规律的排列所形成的。它是在运动的快慢中求得变化，而运动形态中的间歇所产生的停顿能使图形体现得更加突出。节奏的美反映在连续或形态并列的起伏变化中，停顿点形成了单元、主体、疏密、断续、起伏的节拍，构成了有规律的美的形式。韵律是一种和谐美的格律，韵是一种优美的情调和音色，律是规律。它要求这种美的音韵在严格的旋律中进行。韵是音节的基调，既有变化又有协调，它形于法中意于法外，是形式美的一种典范，是"多样性统一"的体现，如图1-16和图1-17所示。

图1-16

图1-17

3．均衡与不均衡

均衡指在画面中相同或不同的图形要素在画面分布的一种稳定的平衡的视觉效果。不均衡是均衡的反面，指相同或不同的图形要素在画面分布中的一种不稳定、不平衡的分布视觉效果，如图1-18和图1-19所示。

图1-18

图1-19

4．比例与尺度

比例与尺度是构成美的重要因素。由于它的工艺性，要求结构严谨，适应生产；同时一切事物都有一定的比例与尺度，所以说设计是对比例与尺度的调整。比例是指事物与物或物体局部所产生的尺度、分量关系。比例不是孤立的，而是在比较中显示出来。不同的比例产生不同的感觉，画面中通过不同的比例对比产生巨大的、渺小的、宽广的、高耸的、狭窄的感觉。任何形式都有它的比例，但并非任何形式的比例都是美的，因此要通过对比、夸张来突出它的美感，如图1-20所示。

设计中的造型比例，虽来自于自然，但不拘于自然，它可以按作者的艺术构思，跨时空地进行比例夸张、调整、强化，使形式美感更为突出。比例与尺度有一个公认的美的比例是黄金比（1∶1.618）与黄金矩形。

图1-20

图1-21

5. 空间与分割

分割是将画面分出各种不同的面积和空间，它是达到形式美的构成方法。没有分割，就不可能组成美的形式。分割画面是经营位置——构图、构成的手段。通过画面的分割，来达到面积大小的安排、对比、调和。分割即为空间的重新组成，也是从空间的运用来看形式美。造型设计活动中，单纯的形态设计是不能达到完美的效果的。只有画面的分割组合，才能形成新的美感形式的空间，如图1-21所示。

6. 联想与意境

平面构图的画面通过视觉传达而产生联想，达到某种意境。联想是思维的延伸，它由一种事物延伸到另外一种事物上。例如图形的色彩：红色使人感到温暖、热情、喜庆等；绿色则使人联想到大自然、生命、春天，从而使人产生平静感、生机感、春意等。

各种视觉形象及其要素都会产生不同的联想与意境，由此而产生的图形的象征意义作为一种视觉语义的表达方法被广泛地运用在平面设计构图中，如图1-22所示。

图1-22

第 2 章 •••
字体创意设计

2.1 字体设计概述

文字是人类文化的重要组成部分。无论在何种视觉媒体中，文字和图片都是其两大构成要素。文字排列组合的好坏，直接影响其版面的视觉传达效果。因此，文字设计是增强视觉传达效果，提高作品的诉求力，赋予版面审美价值的一种重要构成艺术。

在计算机普及的现代设计领域，文字的设计工作很大一部分由计算机代替人脑完成了。但设计作品所面对的观众始终是人脑而不是电脑，因而，在一些需要涉及人思维的方面，例如创意、审美之类，电脑是始终不可替代人脑来完成的。

同时文字是记录语言的符号，是视觉传达情感的媒体。文字以"形"的方式体现表达意思，传达感情。文字利用其形，通过音来表达意义。意美以感心，音美以感耳，形美以感目。字体设计既体现出字意，又使之富于艺术魅力，如图2-1和图2-2所示创意字体设计。文字是人类文明进步的主要工具，它在社会生活中起着交流情感、传递信息、记录历史、描述现实、揭示未来等语义的表达作用。

字体设计是运用装饰性手法美化文字的一种书写艺术和艺术造型活动。对文字进行完美的视觉感受设计，大大增强文字的形象魅力，在现代视觉传达设计中被广泛地应用，强烈的视觉冲击效果引起人们的关注。字体设计是现代平面设计的重要组成部分，其设计的优劣与设计者的艺术修养、学识经验等方面因素有关。通过不同的途径扩大艺术视野，充分发挥设计者的艺术想象力，以达到较完美的设计艺术视觉，如图2-3所示。

图2-1   图2-2   图2-3

字体设计包括字形的选择、文字编排、文字装饰、文字形象、文字意义等内容。

2.2　字体设计原则

可读性、艺术性、思想性是字体设计的3条主要原则，艺术性较强的字体应该不失易读性，又要突出内容性。因此在设计字体时应该注意下面几个问题。

1. 文字的可读性

文字的主要功能是在视觉传达中向大众传达作者的意图和各种信息，要达到这一目的必须考虑文字的整体诉求效果，给人以清晰的视觉印象。因此，设计中的文字应避免繁杂零乱，使人易认、易懂，切忌为了设计而设计。文字设计的根本目的是为了更好、更有效地传达作者的意图，表达设计的主题和构想意念，如图2-4所示。

图2-4

2. 赋予文字个性

字体设计是文字的美化和装饰。要注意字体的形式美感变化，使其富有艺术的感染力。不仅每个单字造型优美和谐，还要注意整体字体组合后的统一风格，要和谐统一，如图2-5所示。

文字的设计要服从于作品的风格特征。文字的设计不能和整个作品的风格特征相脱离，更不能相冲突，否则，就会破坏文字的诉求，如图2-6所示。

图2-5　　　　　　　　　　　　　　　　　　图2-6

3. 在视觉上应给人以美感

在视觉传达的过程中，文字作为画面的形象要素之一，具有传达感情的功能，因而它必须具有视觉上的美感，能够给人以美的感受。字型设计良好，组合巧妙的文字能使人感到愉快，留下美好的印象，从而获得良好的心理反应。反之，则使人看后心里不愉快，视觉上难以产生美感，甚至会让观众拒而不看，这样势必难以传达出作者想表现出的意图和构想，如图2-7所示。

4. 在设计上要富于创造性

根据作品主题的要求，突出文字设计的个性色彩，创造与众不同的独具特色的字体，给人以别开生面的视觉感受，有利于作者设计意图的表现。设计时，应从字的形态特征与组合上进行探求，不断修改，反复琢磨，这样才能创造出富有个性的文字，使其外部形态和设计格调都能唤起人们的审美愉悦感受，如图2-8所示。

图2-7

图2-8

5. 思想性

指的是文字的内容性，字体设计离不开文字本身的内容要求，要从文字内容出发，做到准确、生动地体现，不可出现削弱文字的传达意义和文字的思想内涵的倾向。离开具体内容要求的字体设计是空洞、徒劳的，如图2-9所示。

在绘图中，任何复杂图形都是由点、线、面等基本绘图元素按照一定的方式组成的：由点组成线（直线和曲线）；由直线和曲线进一步组成了各种形状的平面图形（如矩形、多边形、椭圆和圆等）；而一个复杂的图形图像，就是由这些基本的构图元素通过一定的组合方式构成的。CorelDRAW X8是一个基于矢量的绘图软件，它允许使用各种基本绘图工具来绘制一些基本形状。本章主要介绍在CorelDRAW X8中基本绘图工具绘制图形的方法。

图2-9

2.3 字体设计案例解析

2.3.1 数字字体设计

该字体设计制作过程比较简单，讲解和利用文本工具、挑选工具与形状工具，将阿拉伯数字进行简单变形，并利用文字做装饰，最终效果如图2-10所示。

（1）挑选工具 ：是CorelDRAW X8中使用最多的工具，对任何对象进行操作，都首先要用挑选工具将图形选中。使用时首先激活挑选工具，然后在绘图区拖曳鼠标，将所选图形框住；则被框住的图形的四周就会出现8个控制点；这时可对被选中的图形进行编辑操作。也可激活挑选工具后，在图形上单击，则该图形被选中；拖动控制点，可使图形增大或缩小。

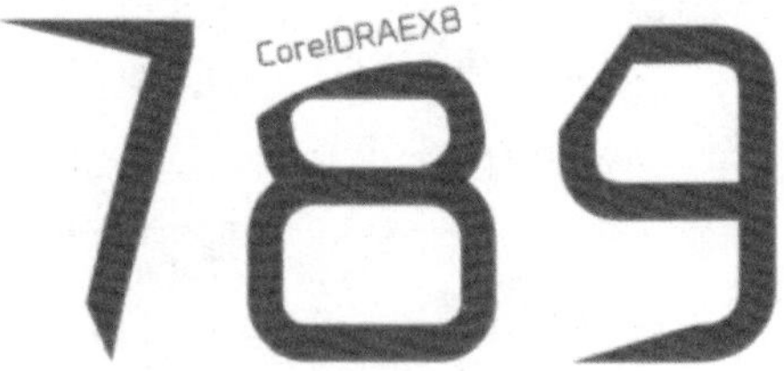

图2-10

（2）形状工具组 ：该工具组中包括形状工具、平滑工具、涂抹工具、转动工具、吸引工具、排斥工具、沾染工具、粗糙工具。

① 形状工具

▶ **拖动节点改变图形**：在对图形对象进行变形前，必须先选中要进行操作的节点。激活工具箱中形状工具，然后在画面中单击某个对象，此时对象上的节点都会呈现出一种空心小矩形的状态。这时就可调节节点，若要想选择多个节点，可以使用多选择法，即按住Shift键，依次选择多个节点。

▶ **拖动控制柄改变图形**：当拖动节点时，控制柄的长短和方向都不发生变化。当拖动控制点时，可以改变曲线的曲率及曲线线段的形状。不同类型的节点，拖动控制柄时，作用是不同的。

▶ **增加或删除节点改变曲线形状**：当一个路径中节点比较多时，有利于用户修改路径和微调对象，但同样会使曲线不够平滑。反之，当路径中的节点较少时，用户编辑曲线对象的自由度要受到限制，但可以缩小文件的大小，使曲线较为光滑。总之可以根据具体工作的需要，利用形状工具在曲线上添加或删除节点。

增加节点有3种办法。首先，在要添加节点处双击，可以添加一个节点。其次，在要添加节点处按住鼠标左键不放，同时按下数字小键盘上的"+"键，可以添加一个节点（必须是数字小键盘上的"+"键）。最后，先选择一个现有节点，然后按下小键盘上的"+"键，则节点前后的适当位置上会添加一个节点。以上所说的方法对于椭圆和矩形无效，只有把它们曲线化后，方可如此操作。如要删除节点，先选择此节点，然后双击它；或按下键盘上的Delete键，删除此节点。

▶ **拖动曲线本身改变曲线形状**：激活形状工具，将光标移到曲线区域内单击，选中曲线，此时曲线上的节点都显现出来。将光标移到曲线上任意一节点，按下鼠标左键不放且向任意方向拖动，曲线即随着光标的移动而改变形状。

▶ **使用属性栏修改路径**：使用形状工具固然可以非常方便地进行节点编辑，但功能毕竟是有限的。要想对路径和节点进行全面的编辑，还必须使用"编辑曲线、多边形和封套"属性栏来进行。这样绘制起来更加方便快捷。

② 平滑工具

沿对象轮廓拖动工具使对象变得平滑，可去除凹凸的边缘并减少曲线对象的节点。

③ 涂抹工具

沿对象轮廓拖动工具来更改其边缘，要擦拭对象外部，在对象内部靠近边缘处单击，然后向外拖动；要擦拭选定对象内部，请在对象外部靠近边缘处单击，然后向内拖动。

④ 转动工具

通过沿对象轮廓拖动工具来添加转动效果，单击对象的边缘，按住鼠标按钮，直至转动达到所需大小。要定位转动及调整转动的形状，在按住鼠标按钮的同时进行拖动。

⑤ 吸引工具

通过将节点吸引到光标处调整对象的形状，在选定对象内部或外部靠近边缘处单击，按住鼠标按钮以调整边缘形状。若要取得更加显著的效果，在按住鼠标按钮的同时进行拖动。

⑥ 排斥工具

通过将节点推离光标处调整对象的形状，在选定对象内部或外部靠近边缘处单击，按住鼠标按钮以调整边缘形状。若要取得更加显著的效果，在按住鼠标按钮的同时进行拖动。

⑦ 沾染工具

沿对象轮廓拖动工具来更改对象的形状。要涂抹选定对象的内部，请单击该对象的外部并向内拖动；要涂抹选定对象的外部，单击该对象的内部并向外拖动。

⑧ 粗糙工具

沿对象轮廓拖动工具以扭曲对象边缘。要使选定对象变得粗糙，请指向要变粗糙的轮廓上的区域，然后拖动轮廓使之变形。

设计过程

（1）激活工具箱的【文本工具】字，输入文字"789"，字体为Arial Impact，设置其【填充】为红色（R：230，G：33，B：41），效果如图2-11所示。

（2）选中该文字并单击鼠标右键，从弹出的快捷菜单中选择【转换为曲线】命令，即可改变文字属性。

图2-11

（3）单击数字7，激活工具箱中的【形状工具】，拖动节点进行调节，按住其一节点，拖动将其变形，7完成后，依次调节数字8、9，效果如图2-12所示。

图2-12

（4）激活工具箱中的【文本工具】字，输入文字"CorelDRAW X8"，字体为Arial Impact，这样就完成效果的制作，效果如图2-13所示。

2.3.2　时尚字体设计

 ● ● ●

图2-13

　　本例讲解制作时尚字体，此款时尚字的制作以时尚图像为
素材，利用图框精确裁剪工具，将其与英文字母相结合，简单操作就可表现出时尚的主题，最终
效果如图2-14所示。

图2-14

所用工具 ● ● ●

　　在Corel DRAW的版式设计中往往需要裁切图片，达到自己理想的形状、内容等。通过借助
于图框精确裁剪按钮将一个对象置于目标对象内部，从而使目标对象的外形得到精确剪裁。

　　● 选中图片，执行【对象】→【图框精确裁剪】→【置于图文框内部】命令，当出现黑色
　　　 粗箭头时，单击目标对象即可实现剪贴效果。

　　● 创建图框精确裁剪对象后，还可以继续进行"编辑、提取、锁定或在图文框内重新定位
　　　 内容"操作。每当选中图框精确裁剪对象时，都将显示一个浮动工具栏。

　　● 锁定图框精确裁剪内容，可以在移动图文框时，内容会随之一起移动。如果想要在不影
　　　 响图文框的情况下删除图框精确裁剪对象的内容或进行修改，可以提取内容操作。

设计过程 ● ● ●

　　（1）激活工具箱中的【文本工具】字，（输入文字"Corel DRAW"字体为Arial Impact、粗
体），效果如图2-15所示。

CorelDRAW

图2-15

　　（2）执行菜单栏中的【文件】→【导入】命令，选择"第2章→素材"，单击【导入】按
钮，在文字位置单击，导入素材，效果如图2-16所示。

　　（3）选中图像，执行菜单栏中的【对象】→【图框精确裁剪】→【置于图文框内部】命
令，将图像放置于文字内部，这样就完成了效果的制作，如图2-17所示。

第2章　素材

图2-16

图2-17

2.3.3　立体字体设计

实例解析　●●●

　　本案例利用钢笔工具创作质感字体效果，通过不同颜色的组合形成视觉上的落差，整体具有很强的主体感，效果如图2-18所示。

图2-18

所用工具　●●●

　　在工具箱中单击"手绘工具"，在展开的工具栏中，可以看到【贝塞尔工具】💉和【钢笔工具】🖋️，在同一工具列表中，它们同属于最基础的画图工具。

　　（1）相同点

　　"贝塞尔工具"和"钢笔工具"的操作和性能几乎完全一样，都是通过精确放置每一个节点并控制每一条曲线段的形状，来一段一段地绘制线条。按空格键停止绘制，即可实现开放路径的绘制。结合"形状工具"调整曲线弧度和直线长度。

（2）不同点

① 使用钢笔工具时，可以预览正在绘制的线段。钢笔工具的属性栏上有一个【预览按钮】，激活它后在绘制线条时能看见线条预先的状态。

如果将"预览模式"去掉，和贝塞尔工具无异样。

② 此外，在钢笔工具的属性栏上还有一个"自动添加/删除节点"按钮，按下它在绘制时可以随时在画好的线条中增加和删除节点。在使用贝塞尔工具时可通过双击曲线实现。

总结："钢笔工具"绘制线条时灵活一些，而"贝塞尔工具"在后期编辑时容易一点。

（3）既然操作和效果差不多，为什么还要设定两个工具

CorelDRAW中一般使用贝塞尔工具勾图，钢笔工具在CorelDRAW中原来是没有的，后来为了照顾Adobe用户而增加的，很多人习惯Photoshop和Illustrator中的钢笔工具，那么在CorelDRAW中就可以选择钢笔工具，功能完全一样。由此看来CorelDRAW不仅在功能方面一直在突破创新，在用户体验上也是人性化地照顾到了每一个人。

设计过程

（1）激活工具箱中的【文本工具】，输入文字"CorelDRAW"，字体为Arial Impact、粗体，设置文字【填充】为灰色（R：230，G：230，B：230），效果如图2-19所示。

（2）激活工具箱中的【钢笔工具】，在【C】字母顶部绘制一个不规则图形，设置其【填充】为白色，【轮廓】为无，效果如图2-20所示。

图2-19

图2-20

（3）选中白色图形，执行菜单栏中的【对象】→【图框精确裁剪】→【置于图文框内部】命令，将图形置于其中，效果如图2-21所示。

（4）激活工具箱中的【钢笔工具】，在【R】字母顶端绘制一个三角形，设置其【填充】为青色（R：153，G：204，B：204），【轮廓】为无，效果如图2-22所示。

图2-21

图2-22

（5）以同样的方法将其置于图文框内部，效果如图2-23所示。

（6）同理为其他几个字母添加相同的图形，效果如图2-24所示。

图2-23

图2-24

（7）选中文字，激活工具箱中的【阴影工具】▢，拖动添加阴影，这样就完成了立体效果制作，如图2-25所示。

图2-25

2.3.4 金属字体设计

实例解析 ●●●

本案例通过分解交互式填充工具的使用方法，讲解如何创作金属艺术字。金属艺术字以强调字体的金属质感为制作重点，将两个图形相结合，形成一种金属质感边缘的视觉效果，如图2-26所示。

图2-26

所用工具 ●●●

渐变填充是一种重要的颜色表现方式，主要是利用两种或几种颜色按照一定步长的梯度变化来为对象创建特殊填充效果的方法之一，它使对象具有很强的层次感和质感，大大增强填充对象的可视效果。在CorelDRAW X8中，渐变填充主要分为线性渐变填充、椭圆形渐变填充、圆锥形渐变填充和矩形渐变填充4种类型。

（1）激活【交互式填充】◇工具。在属性栏中单击【渐变填充】▬按钮，可以分别选择线性渐变填充▨、椭圆形渐变填充▨、圆锥形渐变填充▨和矩形渐变填充▨4种类型，如图2-27所示。

图2-27

在弹出属性栏对话框时，默认情况下将自动使用【线性渐变填充工具】▨，并自动以默认的起始颜色和终止颜色为选定的对象应用双色渐变填充。在列表框中选择不同的填充类型，如果要改变起始和终止颜色，单击两边的方形按钮，从中选择起始和终止颜色，如图2-28所示。

（2）编辑渐变填充色方法。一个优秀的渐变方式往往需要自己重新设置，单击属性栏中"编辑填充"按钮，在弹出的对话框中，如图2-29所示，在渐变色条的上方双击左键可以添加多个滑块并可进行个性化渐变色设置。

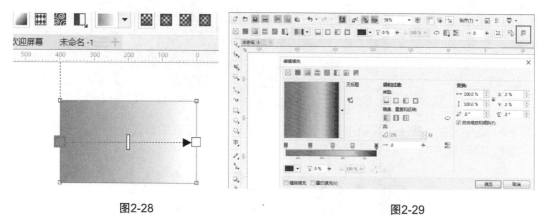

图2-28   图2-29

▶ TIP：选择填充对象，在属性栏中单击【无填充】▨，可以删除已有的填充。

设计过程 ●●●

（1）激活工具箱中的【文本工具】字，输入文字"CorelDRAW"，字体为Arial Black。

（2）激活工具箱中的【交互式填充工具】◇，再单击属性栏中的【渐变填充】▨按钮，单击属性栏中的【编辑填充】▨按钮，即可编辑渐变填充，如图2-30所示（可通过双击节点线添加或删除渐变色）。

图2-30

（3）激活工具箱中的【轮廓图工具】，单击属性栏的内部轮廓选项，在文字左侧拖动，将轮廓偏移，效果如图2-31所示。

corelDRAW

图2-31

（4）选中文字并单击鼠标右键，从弹出的快捷菜单中选择【拆分轮廓图群组】命令。

（5）选中上方文字，激活工具箱中的【交互式填充工具】，再单击属性栏中的【均匀填充】，在文字上拖动，填充红色系线性渐变，如图2-32所示。

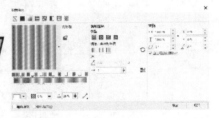

图2-32

（6）选中文字，激活工具箱中的【阴影工具】，拖动添加阴影，这样就完成了效果的制作，如图2-33所示。

corelDRAW

图2-33

2.3.5 波普字体设计

本案例讲解高斯模糊工具，以文字为基准，制作波普图案，创作出漂亮的波普艺术字，效果如图2-34所示。

图2-34

所用知识点 ● ● ●

利用高斯模糊工具（只需执行菜单栏中的【位图】→【模糊】→【高斯模糊】命令），设置相应参数，再通过与其他工具配合即可创建出发光效果。

设计过程 ● ● ●

（1）激活工具箱中的【文本工具】字，输入文字"传奇艺术"，字体为华文琥珀，设置文字【填充】为无，在【轮廓笔】画板中将【颜色】更改为灰色（R：97，G：97，B：97），效果如图2-35所示。

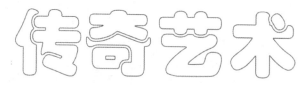

图2-35

（2）选中文字，按Ctrl+C、Ctrl+V快捷键复制一份。将复制后的文字【填充】更改为青色（R：0，G：255，B：255），移至原文字下方，并向右下角方向适当移动，以制作出立体效果，如图2-36所示。

图2-36

（3）单击工具箱中的【椭圆形工具】○，按住Ctrl键画一个正圆，设置其【轮廓】为无。

（4）单击工具箱中的【交互式填充工具】◇，再单击属性栏中的【渐变填充】■按钮，选择【椭圆形渐变填充】▨选项，设置填充灰色（R：143，G：143，B：143）到白色的椭圆形渐变，效果如图2-37所示。

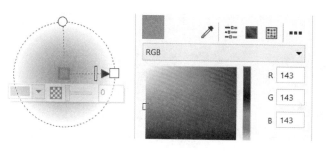

图2-37

（5）执行菜单栏中的【位图】→【转换为位图】命令，在弹出的对话框中分别选中【光滑处理】及【透明背景】复选框，完成之后单击【确定】按钮。

（6）执行菜单栏中的【位图】→【模糊】→【高斯模糊】命令，在弹出的对话框中将【半径】更改为50像素，完成之后单击【确定】按钮，效果如图2-38所示。

（7）执行菜单栏中的【位图】→【颜色转换】→【半色调】命令，在弹出的对话框中调整数值，如图2-39所示，完成之后单击【确定】按钮。

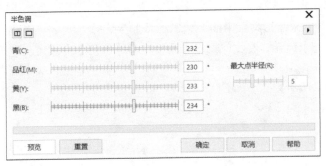

图2-38　　　　　　　　　　　　　　　图2-39

（8）在图像上单击鼠标右键，从弹出的快捷菜单中选择【快速描摹】命令，得到完美矢量波普图形，并将下方位图波点删除，效果如图2-40所示。

（9）选中波普图形将其移至文字左下角并适当旋转，执行菜单栏中的【对象】→【图形精确裁剪】→【置于图文框内部】命令，将图形放置到文字内部，效果如图2-41所示。

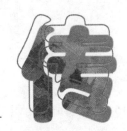

图2-40　　　　　　　　　　　　　　图2-41

（10）单击【图像精确裁剪】按钮，选中图形，将图形复制数份并覆盖其他几个文字，这样就完成了效果的制作，效果如图2-42所示。

图2-42

2.3.6　装饰字体设计

　实例解析　●●●

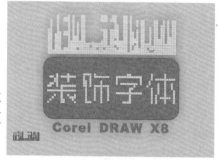

图2-43

本案例讲解利用矩形工具创作装饰艺术字，在创作过程中将基础图形进行复制，组成一个酷炫装饰效果，在颜色上采用对比的双色系，最终效果如图2-43所示。

所用工具　●●●

在CorelDRAW X8中，矩形和圆角矩形是最为常见的基本几何体。使用矩形工具能够绘制矩形、正方形和各种圆角度数的圆角矩形。激活该工具，其属性栏如图2-44所示，各自功能如下。

图2-44

- 【对象位置工具】 X: 518.806 mm　Y: 264.646 mm：指矩形在整个绘图区的位置。默认状态下在绘图区中显示标尺，标尺的原点在纸张的左下角。X指矩形在水平标尺上相对原点的距离，Y指矩形在垂直标尺上相对原点的距离。

- 【对象大小工具】 ：指所绘制的矩形实际宽度值与高度值。

- 【缩放比例工具】 ：指设置矩形的缩放比例。改变数值可以改变矩形大小，单击【锁定比率工具】 ，关闭锁时表示宽度与高度同时改变，打开锁时表示宽度与高度不同时改变。

- 【旋转角度工具】 ：可以设置矩形的旋转角度。

- 选项 ：指将选择对象执行水平翻转或者垂直翻转。

- 【圆角工具】 ：当圆角半径值大于0时，将矩形的转角变为弧形。

- 【扇角工具】 ：当圆角半径值大于0时，将矩形的转角替换成弧形凹口。

- 【倒棱角工具】 ：当圆角半径值大于0时，将矩形的转角替换成直边。

- 【转角半径工具】 ：指将矩形进行倒角，可将矩形的4个90°的角转变为弧形角（称为倒角）。此值取值范围为0~100。值为100时为最大圆弧角。单击【锁定比率工具】 ，可以使4个角同时或者分别倒角。关闭锁时表示同时改变4个角的形式，打开锁时可以设置不同角。

- 【相对角缩放选项工具】 ：根据矩形大小来缩放角。

- 【文本换行工具】 ：选择段落文本环绕对象的方式并设置偏移距离。

- 【轮廓宽度工具】 .2 mm：可以改变矩形边缘线条的粗细。

- 【转化成曲线工具】 ：单击该按钮可将矩形和圆等图形属性转换为曲线。

- 【表格工具】 ：提供了一种结构布局，用户可以在绘图中显示文本或图像。通过修改表格属性和格式，可以轻松地更改表格的外观。此外，由于表格是对象，因此可以以多种方式处理表格。还可以从文本文件或电子表格导入现有表格，其使用方法与Word文档中的表格处理方法一致。

1. 绘制矩形的方法

激活工具箱中的【矩形工具】▢，单击鼠标左键并拖曳鼠标，通过观察状态栏显示的宽度和高度信息，即可获得所要绘制的矩形大小，释放鼠标左键，从而完成矩形的绘制；或者先绘制矩形再改变属性栏参数，这样绘制的矩形更为精确。

▶ TIP：按"Ctrl"键并拖动鼠标，可绘制一个正方形；如果同时按"Ctrl+Shift"键并拖动鼠标，可绘制一个从中心点向外扩张的正方形。

2. 绘制圆角矩形

圆角矩形的绘制方法同矩形绘制一样，首先绘制矩形，然后通过更改其属性栏中的相关参数即可达到绘制目的。其中关闭【同时编辑所有角工具】按钮，将得到一个具有4个相同的圆角半径的圆角矩形；反之，打开【同时编辑所有角工具】按钮，则可以分别在各个数字框输入不同的圆角半径值。

▶ TIP：通过使用【3点矩形工具】▱，指定宽度和高度，同样可以绘制矩形或方形，允许用户以一个角度快速绘制矩形。

设计过程 ●●●

（1）激活工具箱中的【矩形工具】▢，绘制一个【宽度】和【高度】均为17mm的小正方形。

（2）选中图形，执行菜单栏中的【对象】→【变换】→【位置】命令，在打开的【变换】泊坞窗的【X】文本框中输入20mm，【Y】文本框中输入0mm，设置【副本】为15，完成后单击【应用】按钮，此时将复制出15个正方图形，效果如图2-45所示。

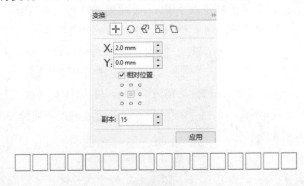

图2-45

（3）选中所有方块，在【变换】泊坞窗的【X】文本框中输入0mm，【Y】文本框中输入–20mm，设置【副本】为16，完成后单击【应用】按钮，效果如图2-46所示。

（4）选中所有图形并群组，设置其【填充】为浅灰色（R：204，G：204，B：204），【轮廓】为无，效果如图2-47所示。

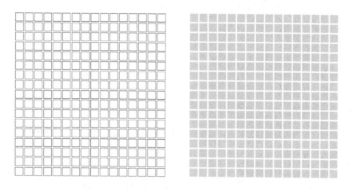

图2-46　　　　　　　　　　图2-47

（5）激活工具箱中的【文本工具】**字**，输入文字"装饰字体"，设置字体为Impact，字号为100t，效果如图2-48所示。

装饰字体

图2-48

（6）选中刚才绘制的方块图形，并将其复制5份，将其中1份留作备用，其他4份分别放置于对应的文字上方，效果如图2-49所示。注意网格方块与文字的前后关系，否则无法展示出效果。

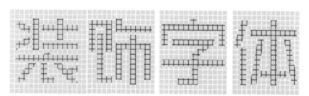

图2-49

（7）选中与笔画部分相重叠的小方格，将其【填充】色更改为黄色（R：250，G：224，B：63），效果如图2-50所示。

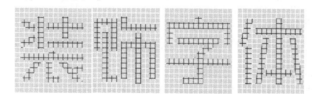

图2-50

（8）删除黄色小方块以外的所有对象。

（9）选中所有黄色小方格，按Ctrl+G快捷键将其群组，效果如图2-51所示。

图2-51

（10）激活工具箱中的【矩形工具】□，绘制一个【宽度】为150mm，【高度】为90mm的矩形。设置其【填充】为深蓝色（R：25，G：74，B：102），【轮廓】为无，效果如图2-52所示。

（11）激活工具箱中的【形状工具】⒧↖，将光标移至矩形任意一个角的位置，按住鼠标向对角直线拖动，将方角矩形变成圆角矩形，然后将文字移至矩形上方，效果如图2-53所示。

图2-52

图2-53

（12）选中备用的灰色小方格图形，将图形复制4份，水平排列，效果如图2-54所示。

（13）选中部分灰色小方格图形并按Delete键将其删除，设计成参差不齐的具有节奏感的图形视觉效果，如图2-55所示。

图2-54

图2-55

（14）激活工具箱中的【文本工具】字，在图形下方位置，输入文字"Corel DRAW X8"，设置字体为Arial 29t，效果如图2-56所示。

（15）激活工具箱中的【颜色滴管工具】✐，将光标移至蓝色图形区域单击吸取颜色，在移至英文位置单击以填充相同颜色，效果如图2-57所示。

图2-56　　　　　　　　　　　　　　　图2-57

（16）选中图形顶部的小方格节奏图形，单击属性栏中的【合并】按钮，将其焊接在一起；以刚才相同的方法吸取中文字的颜色，效果如图2-58所示。

（17）选中所有图形元素，执行菜单栏中的【对象】→【组合】→【组合对象】命令；激活工具箱中的【阴影工具】，从左下角拖动为图形添加阴影，效果如图2-59所示。

（18）为制作好的文字效果添加图形及小装饰，效果如图2-60所示。

图2-58　　　　　　　　　　　图2-59　　　　　　　　　　　图2-60

2.4　综合案例

TIP

（1）刻刀工具

用户可以在其属性栏中设置该工具"保留为一个对象"，则它可以将对象分为若干子路径而不是单独的对象，对象由闭合路径变成开放路径，填充的颜色自动消失并可移动节点，变成开放路径；如果设置该工具"剪切时自动闭合"，则将一个对象分成若干个单独的对象。

（2）橡皮擦工具

CorelDRAW X8允许擦除不需要的位图部分和矢量对象。自动擦除将自动闭合所有受影响的路径，并将对象转换为曲线。如果擦除连线，则会创建子路径，而不是单个对象。

（3）平行度量工具组

该工具组包含平行度量工具、水平或垂直度量工具、角度量工具、线段度量工具、3 点标注工具。它的主要作用是对不同对象采用不同标注方式。

（4）直线连接器工具组

该工具组包括直线连接器工具、直角连接器工具、直角圆形连接器、编辑锚点工具，主要用于表现图形之间的连接形式。

设计过程　●●●

（1）激活工具箱中的【文本工具】字，输入文字"one night stand"，选择适合字体，如图2-61所示，选择合适字体、字号。

（2）执行菜单栏中的【对象】→【拆分曲线】命令，或直接使用"Ctrl+K"快捷键，将文字分成独立的3排，如图2-62所示。

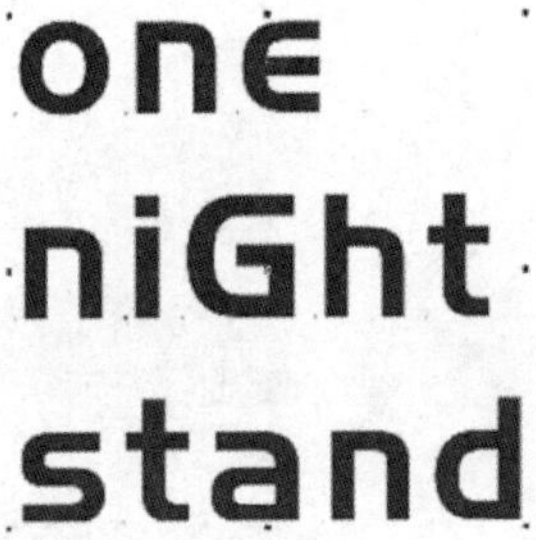

图2-61　　　　　　　　　　　　　　　　　图2-62

（3）激活工具箱中的【形状工具】，拖动第一排文字右下角的手柄，调整文字大小与字距，使3排文字长度相等，效果如图2-63所示。

图2-63

（4）选取第一排文字，按"Ctrl+K"快捷键，进行拆分，拆分后每个字母独立，效果如图2-64所示。

（5）选中字母"O"，单击鼠标右键，在弹出的快捷菜单中选择【转化为曲线】命令，效果如图2-65所示。

图2-64　　　　　　　　　　　图2-65

（6）激活工具箱中的【形状工具】，在字母左上角节点的两边分别增加节点（在边缘双击），拖动中间的节点并调整形态，使之形成一个类似牛角的形状，效果如图2-66所示。

（7）如图2-67左图所示，用同样的方法改变字母"E"的形态，改变字母形态后的整体效果如图2-67右图所示。

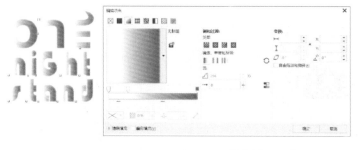

图2-66　　　　　　　　　　　图2-67

（8）激活工具箱中的【交互式填充工具】，单击属性栏中的【渐变工具】按钮，然后再单击【编辑填充工具】，在弹出的对话框中，可设置白色到蓝色的渐变，设置其中蓝色为（R：0，G：162，B：233），效果如图2-68所示。

图2-68

（9）选取所有文字并群组，执行菜单栏中的【效果】→【增加透视点】命令，分别拖动左上角和右上角，将文字改变成如图2-69所示的形态。

（10）选择该文字并复制，将文字放置在后边（选择属性栏中的"到后部"选项），激活【轮廓笔工具】，设置如图2-70所示参数。

图2-69　　　　　　　　　　　　　　图2-70

（11）将带轮廓的文字向左上角稍微移动一点，效果如图2-71所示。

（12）激活工具箱中的【多边形工具】〇，在其属性栏中设置【边数】为12，如图2-72所示。

（13）激活工具箱中的【形状工具】，调整其中一个节点并向内拖移收缩，生成如图2-73所示形状。

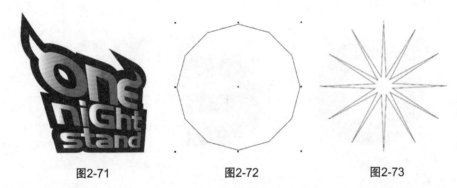

图2-71　　　　　　　　　图2-72　　　　　　　　　图2-73

（14）激活工具箱中的【交互式填充工具】，再单击属性栏中的【椭圆形渐变工具】，在其对话框中设置参数，如图2-74所示。

（15）单击【确定】按钮，填充渐变后的效果如图2-75所示。

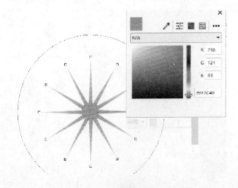

图2-74　　　　　　　　　　　　　　图2-75

（16）将星形图形放置在相应位置，如图2-76所示。

（17）同理在文字上再做一个黄色的星形图形，最终效果如图2-77所示。

图2-76　　　　　　　　　　　图2-77

案例2　●●●

设计过程　●●●

（1）激活工具箱中的【文本工具】字，输入文字"DG"，设置字体为Arial，如图2-78所示。

（2）执行菜单栏中的【对象】→【拆分美术字】命令，或直接使用快捷键Ctrl+K拆分字体，选取字母G，按Ctrl键向左移动，使之与字母D叠加，效果如图2-79所示。

（3）激活工具箱中的【星形工具】☆，在属性栏中设置边数为6，如图2-80所示。

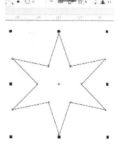

图2-78　　　　　　　　图2-79　　　　　　　　图2-80

（4）按住Ctrl键，在相应位置绘制一个正六边星形，如图2-81所示。

（5）将字母和星形一同选取，单击属性栏中的【合并】按钮，将字母与星形合并为一体，设置其【填充】为红色（R：230，G：33，B：41），效果如图2-82所示。

图2-81　　　　　　　　　　　图2-82

（6）激活【轮廓笔工具】，如图2-83所示，在【轮廓笔】对话框中设置宽度为0.5mm。

（7）将标志复制一个放置备用，如图2-84所示。

（8）选择菜单栏中的【效果】→【添加透视】命令，调整透视的角度，如图2-85所示。

（9）调整透视后，复制该标志并删除填充，只保留外轮廓线，单击鼠标右键，在弹出的快捷菜单中选择【排列】→【顺序】→【到页面后面】命令，效果如图2-86所示。

（10）激活工具箱中的【调和工具】 ，从红色标志拖动到线框标志，在属性栏中设置【步长值】为12。效果如图2-87所示。

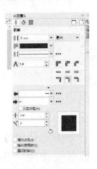

图2-83

图2-84

图2-85

图2-86

图2-87

（11）只选取红色标志，激活【轮廓笔工具】，在【轮廓笔】对话框中设置宽度为0.5mm，颜色为白色，单击【确定】按键，效果如图2-88所示。

（12）立体标志效果完成。从白色过渡到黑色的轮廓线形成复杂多变的空间立体效果。如果感觉轮廓线形成的空间不够厚重，可以通过增加步长值改变，如步长值为15，如图2-89所示。

（13）打开复制的平面标志来制作另一种效果的立体标志，激活工具箱中的【交互式填充工具】，在属性栏中单击【编辑填充】按钮，在弹出的对话框中设置其渐变色，如图2-90所示。单击【确定】按钮，效果如图2-91所示。

图2-88

图2-89

图2-90

图2-91

（14）激活工具箱中的【矩形工具】□，如图2-92所示，绘制一个扁长的矩形。

（15）按住Ctrl键拖动矩形向下移动一定位置，同时按下鼠标右键进行复制，效果如图2-93所示。

图2-92

图2-93

（16）按"Ctrl+D"快捷键8次，效果如图2-94所示。

（17）将所有矩形条一同选取，单击出旋转手柄，按Ctrl键旋转90°，并同时按下鼠标右键复制，如图2-95所示。

图2-94

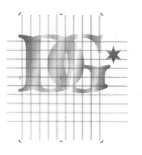

图2-95

（18）将横排和竖排矩形一同选取，单击属性栏中的【合并】，将矩形合并为一体，效果如图2-96所示。

（19）先选取网状图形，按住Shift键加选标志，然后单击属性栏中的【修剪】，效果如图2-97所示。

图2-96   图2-97

（20）执行菜单栏中的【效果】→【添加透视】命令，调整透视的角度，效果如图2-98所示。

（21）激活工具箱中的【立体化工具】，在标志上拖出立体效果，如图2-99所示。

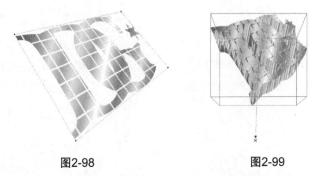

图2-98   图2-99

（22）激活工具箱中的【交互式填充工具】，再单击属性栏中的【均匀填充】，设置其【填充】为蓝色（R：72，G：74，B：135），效果如图2-100所示。

（23）再单击添加灯光效果按钮，设置如图2-101所示参数。

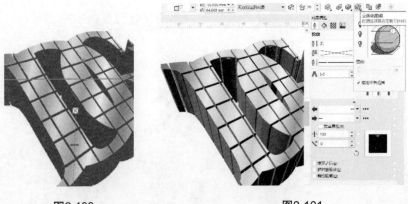

图2-100   图2-101

（24）复制标志，并删除立体化效果，如图2-102所示。

（25）删除颜色填充，设置其轮廓线【填充】为蓝色（R：47，G：49，B：139），将轮廓线标志放置在立体标志下面，立体标志效果完成，如图2-103所示。

图2-102

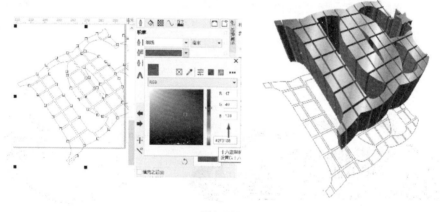

图2-103

第3章 •••

标志设计

3.1 标志的功能

标志是具有识别和传达信息作用的象征性视觉符号。它以深刻的理念、优美的形象和完整的构图给人们留下深刻的印象和记忆，以达到传递某种信息和识别某种形象的目的。在当今的社会活动中，一个明确而独特、简洁而优美的标志作为识别形象是极为重要的。它不仅能提高人们的注意力，加深人们的记忆度，而且会获得巨大的社会效益与经济效益。强有力的品牌——商标标志能帮助产品建立信誉，增强知名度。从某种意义上讲，商标标志能使一个企业或集团兴旺发达，也能使一个企业在竞争中处于被动状态。图3-1和图3-2所示为两组标志设计。

图3-1   图3-2

标志的功能归纳起来有以下几点。

（1）识别功能：通过本身所具有的视觉符号形象产生识别作用，方便人们认识和选择。靠这种功能增强各种社会活动与经济活动的识别能力，以树立有别于其他的形象。

（2）象征功能：标志本身所具有的象征性图形，代表了某一社会集团的形象，体现出权威性、信誉感。在某种意义上讲，作为象征性图形标志是与某一社会集团的命运息息相关的。

（3）审美功能：标志由构思巧妙、图形完美的视觉图形符号所构成，体现出审美的要素，满足视觉上的美感享受。标志的第一要素即为美，离开了美的图形，也就失去了标志存在的意义。

（4）凝聚功能：标志总是象征着某一社会团体，代表着某一社会团体的利益和形象。它在一定程度上强化着这一社会集团的凝聚力，使群体充满自信感和自豪感，并为之尽职尽责、尽心尽力。

3.2　标志的类别与特点

标志具有十分强烈的个性形象色彩，因此它的分类与特点也十分明显，大致可以分为以下几种类型。

1．地域标志

国徽、市徽、区徽及校徽、班徽等都属于这一类别。它的最大特点是带有鲜明的区域特点，故称其为地域标志。该类型的标志在不同的方面反映出该地区的社会政治、经济、军事、文化、民族、历史及人文等方面的特点。表现形式构思立意一般采用象征性手法，以点代面，强化和突出该地区特色。我国的国徽就是一个很成功的地域性标志。

2．社会集团标志

这一类标志是指某一社会集团机构所使用的标志。包括机构标志、企业标志、会议标志、专业标志。机构标志的最大特点是根据自身的需要和特点用固定的标志作为本机构的识别形象。从内容到形式要体现机构的特色、职能范围、服务对象和规模。会议标志主要是组织与会议结合的特质、规模等所使用的标志图形，分为长期和短期使用两种。会议标志一般都是某社会集团、企业的附属活动，因此会议标志相对具有某些灵活性和时间性。企业标志是企业进行商品活动的符号，是企业信誉、质量效益的视觉化形象。在当今的商业社会中企业标志的作用愈来愈显得重要，它与商标在经济活动中共同发挥巨大的催化剂的作用。专业标志是指社会各专业机构的图形象征，有极强的专业特色，如出版、航空、铁路、海关、公安、医院等机构，其标志在立意和表现形式上各有其专业特点。突出专业特色是专业标志的最大特点。

3．社会公益标志

社会公益标志包括交通标志、安全标志、公交活动标志、公益记忆符号等，它主要是为社会公益活动而使用的一类识别图形。此类标志关系着社会活动与规范，它是一种无国籍的标志，如交通标志是为车辆和行人的方便与安全而设计的识别图形，安全标志是警示人们在特定场合下的安全与防护。公交活动标志用于各类广泛丰富的公益活动，其设计呈现出形式多样、五彩缤纷的局面，并带有活动的特色，它有利于活动的开展，也便于活动的宣传。

4．商品标志

商品标志简称商标，它是企业产品的特定标志。通过这种标志可以辨明商品、劳务和企业，树立商品的质量信誉。商标与企业标志有必然的联系，但又有着明显的区别。它可以与商标共用一个视觉形象，如美国的"可口可乐"，它既是企业标志又是商标。商标与标志可分别独立使用，商标的特点在于其商业化的特点和盈利目的。商标在相当程度上维系着企业的生存与发展，它象征着企业的质量与信誉，它是产、供、销三者的必然纽带。商标所带来的"无形资产"能为企业产生巨大的社会和经济效益。

3.3 标志的表现形式

标志作为一种符号性极强的设计，在设计的形式与组合方面有自己独特的组合形式，要突出标志的组合形式还要突出标志独特的艺术语言和规律。标志的表现形式与组合大致有如下几种类型。

1. 图形组合

用相对具象的视觉纹样作为标志的主体要素，该图形一般是商品品牌或公共活动主题的形象化。它的最大特色是力求图形简洁、概括，有较强视觉冲击力的团块装饰风格，如图3-3所示。

2. 汉字组合

汉字作为标志设计的主体，已有相当久远的历史。汉字的组合需要选择适当的字体与字形，书法艺术中的真、草、隶、篆，美术字中的各类字体都可作为标志设计的素材。汉字组合的标志，要遵循易识、易记的原则，使这种特殊形式的表现更加丰富多彩、千变万化，视觉效果要强烈突出，如图3-4所示。

图3-3

图3-4

3. 汉字与图形组合

此类形式的组合有图文并茂的艺术效果。有的以图形为主，把汉字进行装饰变化成为特定的图形；也可以文字为主，附加以适当的图形进行装饰。这种标志组合时应注意整体风格的协调统一，自然天成，切忌生拼硬凑，视觉形象模糊，如图3-5所示。

4. 外文组合

外文组合包括英文字母和汉语拼音字母及拉丁字母的组合。外文组合可用品牌的全称字母进行组合，也可用其中某个代表性的字母单体进行设计。有的单纯洗练，有的庄重朴实，有的轻盈活泼，有的典雅华贵。要根据特定的环境及要求，体现独特的创意思想，突出个性；结构要严谨，注意笔画间的方向转换、大小对比、高低呼应、结构的穿插，如图3-6所示。

图3-5

图3-6

5. 外文与图形组合

外文图形的组合要注意字母与图形的完整和统一性，结构要严谨，图形特点要鲜明、集中，视觉性强，如图3-7所示。

图3-7

6. 汉字与外文字母组合

这类"中西合璧"的形式，要有机地体现东方的审美情趣与西方美的情调。注重汉字与外文字的协调统一。汉字的笔画可巧妙地用外文字取代，也可表音与表意相结合，组成新单字或字组。另外，可用外文字母包容汉字，把汉字嵌入图形，构成完整的画面。这类组合在造型上有较大的差异，设计中要认真分析有否组合的可行和必要，避免由于"硬性搭配"而破坏图形的视觉效果，如图3-8所示。

图3-8

7. 数字组合

分汉字数字与阿拉伯数字组合。前者类似汉字组合。阿拉伯数字由于其本身的形式美和可塑性，常常作为标志设计的素材。它多为独立使用，有时也与其他图形相结合，成为一种形象鲜明的综合形象标志，如图3-9所示。

8. 抽象组合

抽象组合基本是利用几何形体或其他构成图形等组成标志的。它体现出严谨感和律动感，具有想象力的特性，并能拓展出更加广阔的联想空间。它用相对抽象的形式符号来表达事物本质的特征。抽象组合有的属于一种象征意义表达，有的表义较为含蓄，有的则含糊不清，与所表达的事物在本质上没有任何联系，但都具有特定的象征意义，如图3-10所示。

图3-9

图3-10

3.4 标志的设计构思

标志是视觉形象的核心，它构成了企业形象的基本特征，体现企业内在气质，同时广泛传播、诉求大众认同的统一符号，视觉形象识别系统均由此繁衍而生。因此说，标志设计艺术首先是商业艺术，是为商品服务的，它的艺术性隶属于商品性。

标志设计构思有别于一般的艺术创作，它直接与企业和商品相联系，具有明确的商业目的。这种构思不仅要考虑标志设计的功能，而且还要考虑标志视觉美的表达，以及标志物和人的思维关联性等，其中有委托者的意图、要求，有商品销售的心理因素，有国内国外和地区的民情风俗，还有区别于同类商品及其竞争性，新开发的产品还要有独创性等因素制约；因此，标志设计就必须有超前意识，经得起时间的考验，否则很快就会落后于时代。其构思手法主要采用以下形式。

（1）表象手法：采用与标志对象直接关联而具典型特征的形象，直述标志的目的。这种手法直接、明确、一目了然，易于迅速理解和记忆。如表现出版业以书的形象、表现铁路运输业以火车头的形象、表现银行业以钱币的形象为标志图形，等等。

（2）象征手法：采用与标志内容有某种意义上的联系的事物图形、文字、符号、色彩等，以比喻、形容等方式象征标志对象的抽象内涵。如用交叉的镰刀斧头象征工农联盟，用挺拔的幼苗象征少年儿童的茁壮成长等。象征性标志往往采用已为社会约定俗成认同的关联物象作为有效代表物。如用鸽子象征和平，用雄狮、雄鹰象征英勇，用日、月象征永恒，用松鹤象征长寿，用白色象征纯洁，用绿色象征生命，等等。这种手段蕴涵深邃，适应社会心理，为人们喜闻乐见。

（3）寓意手法：采用与标志含义相近似或具有寓意性的形象，以影射、暗示、示意的方式表现标志的内容和特点。如用伞的形象暗示防潮湿，用玻璃杯的形象暗示易破碎，用箭头形象示意方向等。

（4）模拟手法：用特性相近事物形象模仿或比拟标志对象特征或含义的手法。如日本全日空航空公司采用仙鹤展翅的形象比拟飞行和祥瑞，日本佐川急便车采用奔跑的人物形象比拟特快专递等。

（5）视感手法：采用并无特殊含义的简洁而形态独特的抽象图形、文字或符号，给人一种强烈的现代感、视觉冲击感或舒适感，引起人们注意并难以忘怀。这种手法不靠图形含义而主要靠图形、文字或符号的"视感"力量来表现标志。如日本五十铃公司以两个棱形为标志，李宁牌运动服将拼音字母"L"横向夸大为标志等。为使人辨明所标志的事物，这种标志往往配有少量小字，一旦人们认同这个标志，去掉小字也能辨别它。

3.5 标志设计的基本原则

标志设计作为一项独立的具有独特构思思维的设计活动，它有着自身的规律和遵循的原则，在方寸之间它要体现出多方位的设计理念。成功的标志设计可归纳为以下几个方面：强、美、独、象征。方寸之间的标志形象决定了它在形式上必须鲜明强烈，让人过目不忘。强，即为强烈的视觉感受，具有视觉的冲击力和"团块"效应；美，即为符合美的规律的优美造型和优美的寓意；独，即为独特的创意，举世无双；象征，有最洗练、简洁的象征之意，无任何牵强附会之感。较之其他艺术形式，它有更加集中表达主题的本领。造型因素和表现方法的单纯，使标志图形要像闪电般的强烈，诗句般的凝练，像信号灯般醒目。

1. 准确定位

它是标志设计传递主要信息的依据。把客观事物的本质、特色准确地表现出来，标志就要有定位。有了准确的定位和目标，标志才会有深刻的内含和意义，其象征也就有了实际的价值。对标志准确定位的要求是符合该事物的基本特性，有强烈的时代感，造型形式新颖，如图3-11所示。

图3-11

2. 典型形象

典型的艺术形象反映事物的本质特征，是对自然形象的高度集中概括、提炼和理想化。典型形象来自作者对生活的深刻理解，也来自对表达角度的认真选择，还要依赖于作者对客观事物的整理加工和高度概括塑造。没有本质的形象是空洞乏味的，没有个性的设计就要产生雷同，其美感自然也就无从谈起，如图3-12所示。

3. 形式多样

标志的表现形式要依据内容和实用功能来确定。在保证外形完整视觉清晰的前提下，形式应多样化。一是形式应诱发人们的联想，不同的造型给人以不同联想，内容与形式的完美结合应作为设计的首要原则；二是形式要有民族特色，具有民族性的才可能是大众性的；三是形式要有现代感，符合当今时代的审美情趣和欣赏心理要求，如图3-13所示。

图3-12

图3-13

4. 表现恰当

标志的内容与形式确定后，表现方法就成为关键所在。它是标志多样性的需要，可有以下几种表述：① 直接表述，用最明确的文字或图形直接表达主题，开门见山，通俗易懂，一目了然。② 寓言表达，用与主题意义相似的事物表达商品或活动的某些特点。③ 象征表述，用富于想象或相联系的事物，采用暗示的方法表示主题。④ 同构，这是标志设计中经常采用的艺术形式，它是把主题相关的两个以上的不同的形象，经过巧妙地组合将其转化为一个新的统一图形，包含了其他图形所具备的个性特质，使主题得以深化，联想更加丰富，形象结合自然巧妙，象征意义更加明确深刻，如图3-14所示。

5. 色彩鲜明

标志的色彩要求简洁明快。颜色的使用首先要适应其主题条件，其次要考虑使用范围，即环境、距离、大小等。由于色彩能引发一定的联想，因此它的象征、寓意功能十分巨大。奥运会的五环标志就是一个最好的例证。色彩的使用必须做到简洁，能用一色表达绝不用二色重复，如图3-15所示。

图3-14

图3-15

3.6 标志创意设计案例解析

3.6.1 简易标志设计

实例解析 ●●●

该标志在制作过程中以图形为基础，利用造型工具加以变形组合，形成一种星星的视觉效果，最终效果如图3-16所示。

所用工具

执行【对象】→【造型】命令，如图3-17所示，在弹出的菜单中可以看到几个造型命令，分别是合并、修剪、相交、简化、移除后面对象、移除前面对象和边界，即可进行相应操作。这一组的命令，与【窗口】→【泊坞窗】→【造型】命令是对应的，如图3-18所示。焊接即合并，合并即焊接。

图3-16

图3-17

图3-18

- ▶ **合并**：主要用于将两个或两个以上对象结合在一起，成为一个独立的对象。
- ▶ **修剪**：是通过移除重叠的对象区域来创建形状不规则的对象。修剪命令几乎可以修剪任何对象，包括克隆对象、不同图层上的对象，以及带有交叉线的单个对象，但是不能修剪段落文本、尺度线或克隆的主对象。要修剪的对象是目标对象，用来执行修剪的对象是来源对象。修剪完成后，目标对象保留其填充和轮廓属性。
- ▶ **相交**：可以将两个或两个以上对象的重叠区域创建为一个新对象。使用"选择工具"选择重叠的两个图形对象。
- ▶ **简化**：简化对象与修剪对象效果类似，但是在简化对象中后绘制的图形会修剪掉先绘制的图形。
- ▶ **移除前面对象/移除后面对象**：与简化对象功能相似，不同的是在执行移除后面/前面对象操作后，会按一定顺序进行修剪及保留。
- ▶ **边界**：可以自动在图层上的选定对象周围创建路径，从而创建边界。

设计过程

（1）激活工具箱中的【椭圆形工具】⭕，按住Ctrl键绘制一个正圆，再激活【交互式填充工具】，单击属性栏中的【均匀填充工具】■，设置其【填充】为蓝色（R：47，G：49，B：139），【轮廓】为无，效果如图3-19所示。

（2）单击正圆，按住Shift键，拖动右下角手柄向外扩大一定距离，并同时单击鼠标右键复制一正圆，然后将其变形，并填充为黑色，效果如图3-20所示。

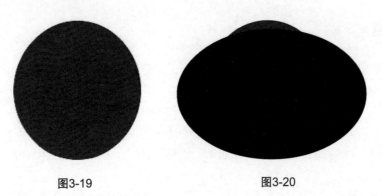

图3-19   图3-20

（3）选中两个图形（如果依次选择时应先选择黑色图形，再选择蓝色图形），单击属性栏中的【修剪】 按钮，将图形修剪后，删除上方黑色图形，效果如图3-21所示。

图3-21

（4）选择修剪后的图形，按Ctrl +C、Ctrl +V快捷键复制该图形，在属性栏的【旋转角度】文本框中输入72°，调整适当位置，再以同样的方法将图形再次复制并旋转，效果如图3-22所示。

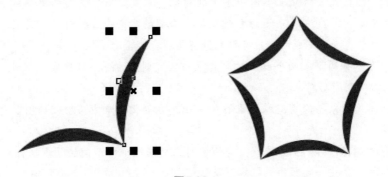

图3-22

（5）选中所有图形，单击属性栏中的【合并】 按钮，将图形组合在一起，并适当旋转，效果如图3-23所示。

（6）激活工具箱中的【椭圆形工具】 ，按住Ctrl键绘制一个正圆，之后激活工具箱中的【交互式填充工具】 ，单击属性栏中的【均匀填充工具】 ，设置其【填充】为青色（R：95，G：167，B：118），【轮廓】为无，选中青色正圆，按Alt+Enter快捷键，在弹出的对象属性对话框中将【常规模式】更改为柔光，效果如图3-24所示。

（7）同时选中正圆，执行菜单栏中的【对象】→【图框精确裁剪】→【置于图文框内部】命令，将图形置于下方图形的内部，效果如图3-25所示。

图3-23 图3-24

（8）激活工具箱中的【文本工具】字，在图形右侧输入文字"CorelDRAW X8图文图像创意设计与表现"，设置字体为Impact。激活工具箱中的【交互式填充工具】，单击属性栏中的【渐变填充工具】按钮，如图3-26所示，在CorelDRAW X8文字上拖动，设置其【填充】为蓝色（R：7，G：133，B：178）到深蓝色（R：44，G：70，B：125）的线性渐变。

图3-25 图3-26

（9）激活工具箱中的【矩形工具】，绘制一个矩形，设置其【填充】为青色（R：95，G：167，B：118），【轮廓】为无，效果如图3-27所示。

图3-27

（10）选中矩形，执行菜单栏中的【对象】→【图框精确裁剪】→【置于图文框内部】命令，将图形置于下方图形的内部，效果如图3-28所示。

（11）选中文字，激活工具箱中的【透明度工具】，在属性栏中将【合并模式】更改为柔光，完成了Logo的效果制作，效果如图3-29所示。

图3-28

图3-29

3.6.2 绿色环保标志设计

 实例解析 ●●●

本案例环保标志设计，从色彩与造型上与主题相吻合。在制作过程中利用造型工具，将文字形象化，并搭配合适的颜色，效果如图3-30所示。

所用工具 ●●●

图3-30

（1）自由旋转 ⟳

利用该工具可以对对象进行360°旋转，单击鼠标左键为旋转的中心。

（2）自由角度镜像 ⟳

利用该工具可以对对象进行360°镜像旋转，单击鼠标左键为镜像旋转的中心（如果不做镜像旋转，则可以用自由旋转工具）。

（3）自由调节 ⟳

利用该工具可以对对象进行任意方向的调整，单击鼠标左键为调整的起点，向任意方向拖动鼠标即可。

（4）自由倾斜 ⟳

利用该工具可以对对象进行任意方向的扭曲变形，单击鼠标左键为调整的起点，向任意方向

图3-34　　　　　　　　　　　　　　　　　图3-35

（6）选中两个图形，单击属性栏中的【合并】⊡按钮，将图形焊接为一体，效果如图3-36所示。

（7）激活工具箱中的【钢笔工具】⟨⟩，在图形左侧位置绘制一个绿叶图形，并填充为绿色（R：104，G：184，B：2），【轮廓】为无，完成标志设计，效果如图3-37所示。

图3-36　　　　　　　　　　　　　　　　图3-37

3.6.3　多边形标志设计

TIP

（1）颜色滴管工具⟨⟩

该工具组包括颜色滴管与属性滴管两个工具。前者主要用来汲取指定位置的颜色色样，并使之能够应用于其他对象进行填充。后者主要是为绘图窗口中的对象选择并复制对象属性，如线条粗细、大小和效果。

（2）智能绘图工具⟨⟩

智能绘图工具，为填充对象提供了极大方便。在其属性栏中直接设定对象颜色及轮廓线宽度，当设定填充颜色和轮廓线宽度后，单击对象即可完成任务。

本案例利用多边形工具创建该标志，如图3-38所示，具有较强的整合感，与扁平化时代相吻合。

所用工具

（1）多边形泛指所有以直线构成的、边数≥3的图形，如常见的三角形、菱形、星形、五边形和六边形等。在CorelDraw X8中使用多边形工具可以绘制各种多边形，其中3≤边数≤500 。当边数=3 时为等边三角形；当边数达到一定程度时多边形将变为圆形。

（2）激活工具箱中的【多边形工具】 ，在工作区中按住鼠标左键拖动鼠标，即可绘制出默认设置的五边形。

（3）以中心点为基准的多边形，激活工具箱中的【多边形工具】 ，按住Shift键的同时拖动鼠标，达到一定大小后释放鼠标，可以绘制出以中心点为基准的多变形。

图3-38

（4）点数和边数：可通过在文本框中输入3～500数值的方法设置多边形的点数或边数，点数或边数越多，角就越多，边缘越平滑，在边数设置为50后，绘制的多边形就会近似为圆形。

设计过程

（1）激活工具箱中的【多边形工具】 ，在属性栏中将【边数】更改为6，按住Ctrl键绘制一个六边形，再激活【交互式填充工具】 ，单击属性栏中的【均匀填充】 按钮，设置其【填充】为浅绿色（R：33，G：88，B：164），【轮廓】为无，效果如图3-39所示。

（2）激活工具箱中的【文本工具】 ，在六边形上输入文字"M"，设置字体为Arial Black，效果如图3-40所示。

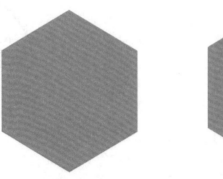

图3-39 图3-40

（3）选中文字并单击鼠标右键，从弹出的快捷菜单中选择【转换为曲线】命令。激活工具箱中的【形状工具】 ，选中文字中间位置的节点并将其删除，然后拖动剩余节点将其变形，效果如图3-41所示。

（4）激活工具箱中的【钢笔工具】 ，在文字右下角绘制一个不规则图形，设置其【填充】为黑色，【轮廓】为无，效果如图3-42所示。

图3-41 → 图3-42

（5）选中文字，激活工具箱中的【透明度工具】▦，在对象属性对话框（Alt+Enter）中将【合并模式】更改为柔光，在图形上拖动，降低部分区域的不透明度，效果如图3-43所示。

（6）选中阴影图形，执行菜单栏中的【对象】→【图框精确裁剪】→【置于图文框内部】命令，将图形放置到六边形内部，完成了该标志的创作，效果如图3-44所示。

图3-43 图3-44

实例解析2 ●●●

本案例为水果标志，此标志在制作过程中将多边形与文字完美结合，形成一个完整的标志图像，主题鲜明，特征比较突出，效果如图3-45所示。

设计过程 ●●●

（1）激活工具箱中的【星形工具】☆，按住Ctrl键绘制一个星形。激活工具箱中的【交互式填充工具】◈，单击属性栏中的【均匀填充】■按钮，设置其【填充】为深绿色（R：33，G：88，B：164），【轮廓】为无；在属性栏中设置【边数】为25，【锐度】为5，如图3-46所示。

图3-45

（2）激活工具箱中的【椭圆形工具】◯，在多边形内部按住Ctrl键绘制一个正圆，设置其【填充】为白色，【轮廓】为无，效果如图3-47所示。

（3）同时选中多边形及正圆，在【对齐与分布】面板中分别单击【水平居中对齐】🖳及【垂直居中对齐】🖳按钮。单击属性栏中的【修剪】🔁按钮，对图形进行修剪，完成之后将正圆删除，如图3-48所示。

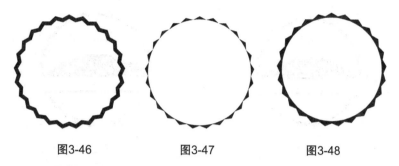

图3-46　　　　　图3-47　　　　　图3-48

（4）激活工具箱中的【矩形工具】▢，在图形中间绘制一个矩形，效果如图3-49所示。

（5）同时选中矩形及下方的图形，单击属性栏中的【修剪】⬚按钮，对图形进行修剪，完成之后将矩形删除，效果如图3-50所示。

（6）激活工具箱中的【钢笔工具】✒，在修剪图形后的位置绘制一个不规则图形，设置其【填充】为深绿色（R：0，G：60，B：0），【轮廓】为无，效果如图3-51所示。

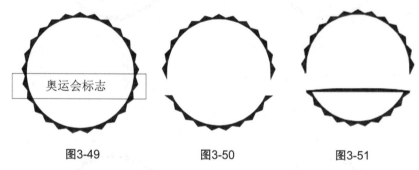

奥运会标志

图3-49　　　　　图3-50　　　　　图3-51

（7）激活工具箱中的【钢笔工具】✒，再绘制半圆中的装饰图形，效果如图3-52所示。

第 3 章　素材

图3-52

（8）执行菜单栏中的【文件】→【打开】命令，选择"第3章→素材→树.cdr"文件，单击【打开】按钮，将打开的小树图形拖入当前页面标签适当的位置，效果如图3-53所示。

（9）选中小树图像并将其复制两份，调整位置的大小，效果如图3-54所示。

（10）激活工具箱中的【文本工具】字，如图3-55所示，输入文字"CHERRY TREE"。

（11）激活工具箱中的【封套工具】⬚，拖动文字控制点将其变形，效果如图3-56所示。

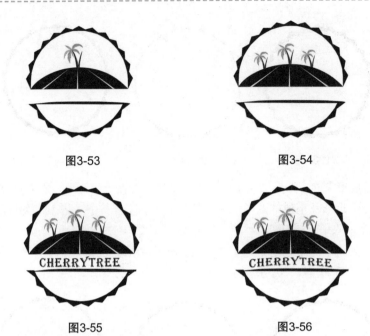

图3-53　　　　　　　　　　　　　　图3-54

图3-55　　　　　　　　　　　　　　图3-56

（12）激活工具箱中的【钢笔工具】，在标签下半部分绘制一个不规则图形，并设置【填充】为绿色（R：101，G：183，B：59），【轮廓】为无，效果如图3-57所示。

（13）执行菜单栏中的【文件】→【打开】命令，选择"第3章→素材→樱桃.cdr"文件，单击【打开】按钮，将打开的樱桃图形拖入当前页面标签适当的位置，效果如图3-58所示。

图3-57　　　　　　　　　　　　　　图3-58

3.7　综合案例

3.7.1　Eko Xpave标志设计

（1）激活工具箱中的【椭圆形工具】，按住Ctrl键，在画面中绘制正圆，如图3-59所示。

（2）单击正圆，按住Shift键，拖动右下角手柄向外扩大一定距离，并同时单击鼠标右键复制下一正圆，此时3个正圆图形的大小如图3-60所示。

（3）最大的正圆图形命名为"辅助圆"，留作他用。中间的正圆图形命名为"A"，最小的圆命名为"B"。选取圆"A"，激活工具箱中的【交互式填充工具】，单击属性栏中的【均匀填充工具】，设置其【填充】为绿色（R：144，G：196，B：47），如图3-61所示。

图3-59　　　　　　　　图3-60　　　　　　　　图3-61

（4）选取圆"B"，激活工具箱中的【交互式填充工具】，依次单击属性栏中的【渐变工具】按钮和【椭圆形渐变填充】按钮，在【编辑填充工具】中，设计其【填充】参数分别为（R：217，G：228，B：131），（R：172，G：206，B：34），（R：0，G：130，B：74），（R：0，G：130，B：74），效果如图3-62所示。

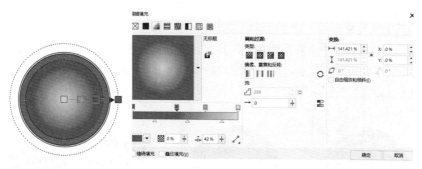

图3-62

（5）单击【确定】按钮，则渐变填充后的效果如图3-63所示。

（6）选取"辅助圆"，按住Shift键，拖动右下角手柄向外扩大一定距离，并同时单击鼠标右键复制这一辅助圆，效果如图3-64所示。

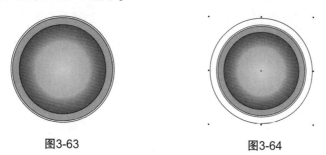

图3-63　　　　　　　　　　　　　　图3-64

（7）激活工具箱中的【形状工具】，按住Ctrl键，拖动顶端的节点顺时针旋转270°，（注意拖动节点时，鼠标要在圆内拖动），使圆形变为1/4圆的饼形，效果如图3-65所示。

（8）激活工具箱中的【交互式填充工具】，单击属性栏中的【均匀填充工具】，设置其【填充】为绿色（R：0，G：130，B：74），【轮廓】为无，然后单击鼠标右键，在弹出的快捷菜单中选择【顺序】→【到图层后面】命令，并删除轮廓线（单击轮廓笔的无轮廓工具即可），效果如图3-66所示。

（9）先选取圆"A"，再按住Shift键单击饼形图形（加选），单击属性栏中的【修剪】按钮，（图3-67中用红线勾出的部分就是修剪得到的部分），如图3-67所示。

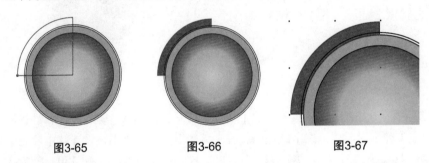

图3-65　　　　　图3-66　　　　　图3-67

（10）激活工具箱中的【贝塞尔工具】，绘制一个叶形图形，注意用【形状工具】，调整形态，使其线条流畅，如图3-68所示。

（11）同样方法再复制两个叶形图形，并调整形态，效果如图3-69所示。

（12）激活工具箱中的【交互式填充工具】，单击属性栏中的【均匀填充工具】，将最小的叶形图形【填充】为绿色（R：0，G：130，B：74），中间的叶形图形【填充】为草绿色（R：144，G：196，B：47），效果如图3-70所示。

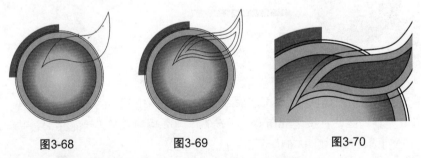

图3-68　　　　　图3-69　　　　　图3-70

（13）选取最大的叶形图形，再按Shift键单击圆"A"图形（加选），单击属性栏中的【修剪】按钮，效果如图3-71所示。

（14）将最大的叶形图形删除，效果如图3-72所示。

（15）激活工具箱中的【文本工具】，在画面中输入英文字母"Eko Xpave"，注意大小写，效果如图3-73所示。

（16）激活工具箱中的【形状工具】，分别调整左下角和右下角的字符，调整字距和行距，效果如图3-74所示。

图3-71

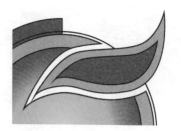

图3-72

Eko Xpave

图3-73

Eko Xpave

图3-74

（17）将文字"曲线化"后，单击属性栏中的【对象】→【打散美术字】按钮，将文字拆为独立的两行，如图3-75所示。然后再分别选取每行，单击【打散美术字】 按钮，使得每个字母可独立选取。

（18）将第二行的字母全选，选择菜单栏中的【排列】→【对齐和分布】→【顶端对齐】命令，效果如图3-76所示。

（19）分别调整字母的大小，将字母"O"换成圆环，效果如图3-77所示（圆环的制作：绘制两个同心圆，单击属性栏中的【移除前面对象】 按钮）。

Eko Xpave

图3-75

Eko Xpave

图3-76

图3-77

（20）单击文字，激活工具箱中的【交互式填充工具】 ，单击属性栏中的【均匀填充工具】 ，设置其【填充】为绿色（R：0，G：130，B：74），调整位置大小，效果如图3-78所示。

（21）选取文字向左上角移动一定位置并按鼠标右键复制，将复制的文字填充为白色，效果如图3-79所示。

（22）激活工具箱中的【文本工具】 字 ，在适当的位置输入相应文字，字体为Arial，如图3-80所示。

EKOFOODS

图3-78   图3-79   图3-80

（23）激活工具箱中的【形状工具】，拖动右边的字符加大字距，并调整文字大小，效果如图3-81所示。

（24）执行菜单栏中的【文本】→【使文本适合路径】命令，将文字指向给"辅助圆"，位置如图3-82所示。

图3-81   图3-82

（25）确认位置后，单击鼠标左键，制作文字文本适合路径后的效果如图3-83所示。

（26）双击"辅助圆"并按Delete键删除，再删除圆"A"、圆"B"和叶形图形的边线，标志设计制作完成，效果如图3-84所示。

图3-83   图3-84

3.7.2 咖啡标志设计

操作步骤 ●●●

（1）激活工具箱中的【多边形工具】，在其相应的属性栏中设置【边数】为40，按住Ctrl键绘制一个大小在135mm左右的多边形，如图3-85所示。

（2）激活工具箱中的【形状工具】，选取一个节点，按住Ctrl键向内收缩一定距离，效果如图3-86所示。

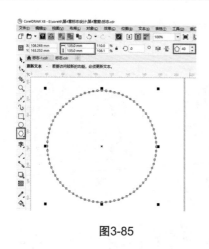

图3-85

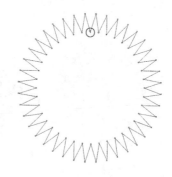

图3-86

（3）继续采用【形状工具】 ，并在一个尖角的两边，分别双击插入两个节点（注意节点要对称）。再选取顶角的节点，如图3-87所示单击属性栏上的【转换为曲线】按钮。

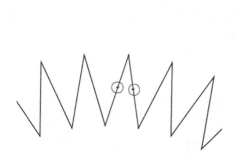

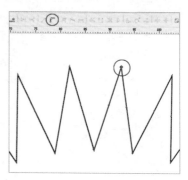

图3-87

（4）删除顶角的节点，然后调整两边节点上的手柄，将顶角调整为圆弧形，另外可单击属性栏中的【平滑节点工具】 ，调整曲线的圆滑度，效果如图3-88所示。

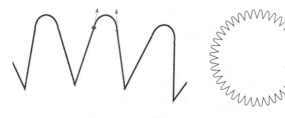

图3-88

（5）激活工具箱中的【交互式填充工具】 ，再单击属性栏中的【均匀填充工具】 ，设置其【填充】为金色（R：192，G：157，B：39），效果如图3-89所示。

（6）激活【轮廓笔工具】，设置【轮廓】为无。然后分别在上、左的标尺内拖出辅助线，使得辅助线的交叉点与多边形的中心重合，效果如图3-90所示。

（7）激活工具箱中的【椭圆形工具】〇， 按住Ctrl键绘制一个正圆，并将圆形图形的中心点与多边形重合，效果如图3-91所示。

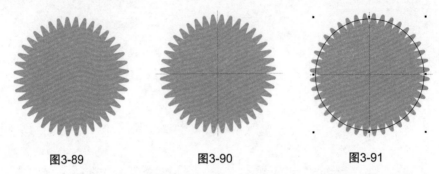

图3-89　　　　　　图3-90　　　　　　图3-91

（8）复制4个同心圆形，为了说明的方便性，由外向内，分别命名为"圆a"、"圆b"、"圆c"和"圆d"，效果如图3-92所示。

（9）激活工具箱中的【交互式填充工具】◇，再单击属性栏中的【均匀填充】█按钮，选择"圆a"，设置其【填充】为（R：192，G：157，B：39）颜色；选择"圆b"填充为白色；选择"圆c"，设置其【填充】（R：255，G：249，B：177）颜色；选择"圆d"，设置其【填充】为（R：192，G：157，B：39）颜色，效果如图3-93所示。

（10）依次选择4个圆形，设置【轮廓线】为无，效果如图3-94所示。

图3-92　　　　　　图3-93　　　　　　图3-94

（11）选取"圆d"，激活工具箱中的【交互式填充工具】◇，再单击属性栏中的【渐变填充】█按钮，在属性栏中，设置如图3-95所示渐变填充参数，单击【确定】按钮即可。

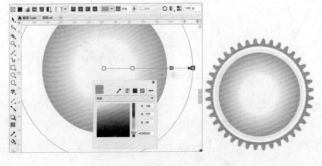

图3-95

（12）激活工具箱中的【矩形工具】□，绘制如图3-96所示矩形。

（13）激活工具箱中的【形状工具】，拖动矩形边角的节点，将矩形转变为圆角矩形，效果如图3-97所示。

（14）选取圆角矩形，按住Shift键向内收缩一定距离，按下鼠标右键复制，效果如图3-98所示。

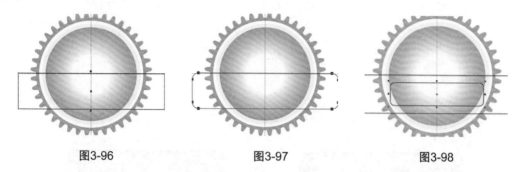

图3-96　　　　　　　　　　图3-97　　　　　　　　　　图3-98

（15）选取大的圆角矩形，激活工具箱中的【轮廓笔工具】，在弹出的对话框中，设置如图3-99所示的参数。

（16）选取小的圆角矩形，激活工具箱中的【交互式填充工具】，单击属性栏中的【均匀填充】■按钮，设置【填充】为红色（R：230，G：33，B：41），然后删除轮廓线，效果如图3-100所示。

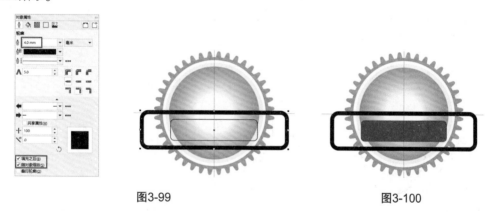

图3-99　　　　　　　　　　　　　　　图3-100

（17）选取大的圆角矩形，再激活工具箱中的【交互式填充工具】，再单击属性栏中的【均匀填充】■按钮，设置其【填充】为暗红色（R：70，G：23，B：22），效果如图3-101所示。

（18）激活工具箱中的【调和工具】，从小的圆角矩形调和至大的圆角矩形。在"调和工具"相应的属性栏中，设置【步长】为15，效果如图3-102所示。

（19）激活工具箱中的【文本工具】，在适当的位置，输入文字"'t Mee Too"，设置字体为FormalScrp421 BT，设置其【填充】为（R：70，G：23，B：22）颜色，效果如图3-103所示。

| 图3-101 | 图3-102 | 图3-103 |

（20）选取文字向左上角移动一定距离，按下鼠标右键复制，并填充为红色（R：230，G：33，B：41），效果如图3-104所示。

（21）选取黄色文字向左上角移动一定距离，并按下鼠标右键复制，调整三者的透视角度，效果如图3-105所示。

| 图3-104 | 图3-105 |

（22）制作咖啡豆。激活工具箱中的【椭圆形工具】◯，绘制一个大小为35mm左右的椭圆，效果如图3-106所示。

（23）在椭圆上面再绘制一个大的椭圆，调整位置和大小，选取大的椭圆向左移动一定距离并复制，效果如图3-107所示。

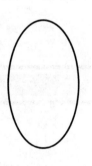
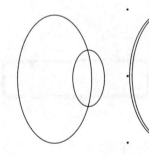

| 图3-106 | 图3-107 |

（24）选择其中一个大的椭圆上面中间的锚点，按住Shift键向内收缩一定距离，使两者之间的空隙相对均匀，效果如图3-108所示。

（25）将两个大的椭圆一同选取，如图3-109所示，在属性栏中单击【合并】🔳按钮。

（26）按Shift键加选小的椭圆，如图3-110所示，在属性栏中单击【修剪】🔳按钮。

（27）经过【合并】、【修剪】后，删除大的椭圆，咖啡豆外形制作完成，效果如图3-111所示。

（28）在咖啡豆图形上面单击，出现旋转手柄，在属性栏的【旋转角度】文本框中输入30°，效果如图3-112所示。

（29）复制咖啡豆后，在属性栏的【旋转角度】文本框输入60°，将复制的咖啡豆图形缩小，调整至合适位置，效果如图3-113所示。

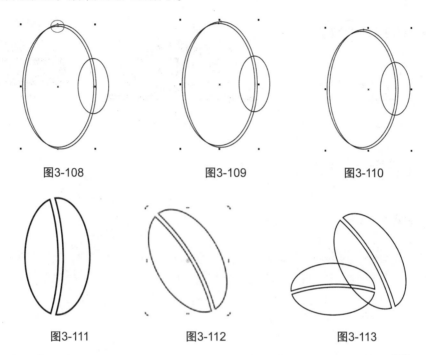

图3-108　　　　　　　　图3-109　　　　　　　　图3-110

图3-111　　　　　　　　图3-112　　　　　　　　图3-113

（30）将两个咖啡豆图形一同选取，激活工具箱中的【交互式填充工具】◇，再单击属性栏中的【均匀填充】■按钮，设置【填充】为（R：134，G：85，B：21）颜色；激活【轮廓笔工具】✎，设置轮廓颜色为（R：255，G：249，B：177），其他参数如图3-114所示。

（31）填充咖啡豆图形后，调整位置，效果如图3-115所示。

图3-114　　　　　　　　　　　　　　图3-115

（32）输入文字"CONVIVIAL COFFEE（字体仅供参考）"，效果如图3-116所示。

（33）执行菜单栏中的【文本】→【使文本适合路径】命令，将文字指定给D圆，将文字路径调整为如图3-117所示效果。

（34）激活工具箱中的【交互式填充工具】◈，再单击属性栏中的【均匀填充】■按钮，将文字填充为白色，咖啡标志设计制作完成，效果如图3-118所示。

图3-116

图3-117

图3-118

3.7.3　SEE标志设计

设计过程 ●●●

（1）激活工具箱中的【椭圆工具】○，按Ctrl键，在画面中绘制正圆，效果如图3-119所示。

（2）激活工具箱中的【矩形工具】□，在正圆相应位置绘制矩形，效果如图3-120所示。

（3）将圆和矩形一同选取。在属性栏中单击【修剪】⊡按钮，修剪出半圆形态，效果如图3-121所示。

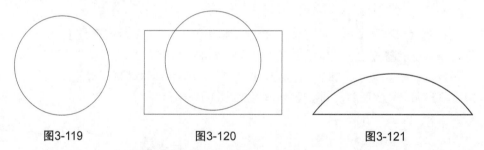

图3-119　　　　　图3-120　　　　　图3-121

（4）复制半圆并旋转180°角，如图3-122所示，将复制的半圆和原来的半圆对接（注意两个形态相接时一个边要压另一个边，使之重合，而不要让两个形态之间有缝隙）。

（5）将两个半圆一同选取，在属性栏中单击【焊接】按钮，产生眼睛外观的形态，并命名为图形A，效果如图3-123所示。

（6）选取图形A，按住鼠标左键拖动右上角手柄并同时按住Shift键向中心收缩，并同时单击鼠标右键，复制该图形，命名为图形B，效果如图3-124所示。

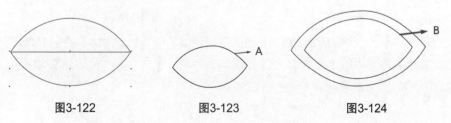

图3-122　　　　　图3-123　　　　　图3-124

（7）在图形B内绘制一个正圆，效果如图3-125所示。

（8）激活工具箱中的【形状工具】 ，在其相应的属性栏中单击【饼图】 选项，并在【起始】和【结束】角度选项中输入"90°"和"45°"，将饼形图形命名为C，如图3-126所示。

（9）单击图形C，调整旋转手柄，将其旋转一定角度，效果如图3-127所示。

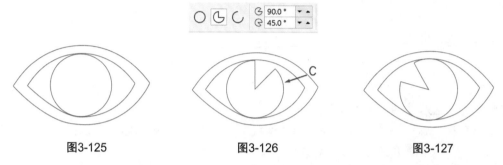

图3-125　　　　　　　　　图3-126　　　　　　　　　图3-127

（10）在图形C上绘制2个圆，调整位置使之与图形C同心，效果如图3-128所示。

图3-128

（11）将2个同心圆一同选取，单击属性栏上的【修剪】按钮，使之结合为一个圆环。选取圆环，按住Shift键单击图形C（加选图形C），再单击【修剪】按钮。眼睛的外轮廓制作完成，效果如图3-129所示。

（12）复制图形C并命名为图形D，如图3-130所示。

（13）单击鼠标右键，在弹出的快捷菜单中选择【拆分曲线】命令，将外围形态删除，保留下来的形态命名为图形E，如图3-131所示（将图形E放置留待他用）。

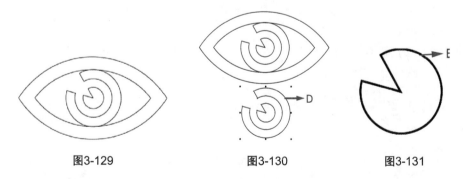

图3-129　　　　　　　　　图3-130　　　　　　　　　图3-131

（14）将眼睛部分的所有形态一同选取，执行菜单栏中【对象】→【合并】 命令，注意观察合并后的效果，如图3-132所示。

（15）填充眼睛图形为白色，删除轮廓线，在工具箱中激活【阴影工具】，在眼睛上拖动出阴影效果，如图3-133所示。

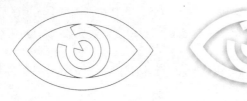

图3-132　　　　　　　　　　　　　　图3-133

（16）激活工具箱中的【文本工具】字，输入文字"see"，选择合适字体并调节大小，放置在眼睛相应位置，效果如图3-134所示。

（17）在工具箱中激活轮廓工具，选择轮廓画笔工具，在轮廓画笔对话框中设置"宽度"为0.7mm，并选中【随对象缩放】复选框，效果如图3-135所示。

（18）激活工具箱中的【交互式填充工具】，在其属性栏中单击【无填充】按钮，删除后的效果如图3-136所示。

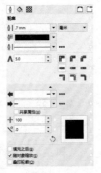

图3-134　　　　　　　　　　图3-135　　　　　　　　　　图3-136

（19）将刚才制作的图形E调整角度并复制1个，设置其【填充】为红色（R: 230，G: 33，B: 41）红色、绿色（R: 0，G: 155，B: 76），和字母"S"巧妙结合为单词"see"，如图3-137所示。

（20）激活工具箱中的【文本工具】字，输入文字"SOURCERS"，设置字体为宋体，如图3-138所示。

（21）激活工具箱中的【形状工具】，拖动右边的手柄，调整字距，将文字放置在相应位置，效果如图3-139所示。

图3-137　　　　　　　　　图3-138　　　　　　　　　图3-139

第4章 ●●●
图形、图案的设计

　　图形可以理解为除摄影以外的一切图和形。图形以其独特的表现力，在版面构成中展示着独特的视觉魅力。图形是在平面构成要素中形成广告性格及提高视觉注意力的重要素材。图形能够下意识地左右广告的传播效果。图形占据了重要版面，有的甚至是全部版面。图形往往能引起人们的注意，并激发阅读兴趣，图形给人的视觉印象要优于文字，因此要合理地运用图形符号，如图4-1和图4-2所示。

　　图案，顾名思义即图形的设计方案。一般而言，我们可以把非再现性的图形表现都称作图案，包括几何图形、视觉艺术、装饰艺术等图案，如图4-3所示。

图4-1　　　　　　　　　　　图4-2　　　　　　　　　　　图4-3

　　图案教育家、理论家雷圭元先生在《图案基础》一书中，对图案的定义综述为："图案是实用美术、装饰美术、建筑美术方面，关于形式、色彩、结构的预先设计。在工艺材料、用途、经济、生产等条件制约下，制成图样、装饰纹样等方案的通称。"

4.1　图形创意的表现形式

　　图形作为设计的语言，要注意把话说清楚。在处理中必须抓住特征，注意关键部位的细节。否则差之毫厘，失之千里。

　　图形作为构成广告版面的主要视觉元素，它的关键在于是否和广告效果具有密切的关系。图形表现趣味浓厚，才能提高人们的注意力，得到预期的广告效果。广告的图形是用来创造一个具有强烈感染力的视觉形象。广告作为视觉信息传递的媒介，是一种文字语言和视觉形象的有机结合物，作为视觉艺术，强调的是观感效果，而这一视觉效果并非广告文字的简单解释。在广告设计中，图形创意的作用主要表现在以下几个方面。

（1）准确传达广告的主题，并且使人们更易于接受和理解广告的"看读效果"。

（2）有效利用图形的"视觉效果"，吸引人们的注意力。

（3）猎取人们的心理反应，使人们被图形吸引从而将视线转向文字。

图形的创意表现是通过对创意中心的深刻思考和系统分析，充分发挥想象思维和创造力，将想象、意念形象化、视觉化。这是创意的最后环节，也是关键的环节。从怎样分析、怎样思考到怎样表现的过程。由于人类特有的社会劳动和语言，使人的意识活动达到了高度发展的水平，人的思维是一个由认识表象开始，再将表象记录到大脑中形成概念，而后将这些来源于实际生活经验的概念普遍化加以固定，从而使外部世界乃至自身思维世界的各种对象和过程均在大脑中产生各自对应的映像。这些映像是由直接的外在关系中分离出来，独立于思维中保持并运作的。这些映像以狭义语言为基础，又表现为可视图形、肢体动作、音乐等广义语言。

"奇""异""怪"的图形并非是设计师追求的目标，通俗易懂、简洁明快的图形语言，才是达到强烈视觉冲击力的必要条件，以便于公众对广告主题的认识、理解与记忆。

在一定的艺术哲理与视觉原理中，创意通过上下几千年纵横万里想象与艺术创造。作为复杂而妙趣横生的思维活动的创意，在现在的图形创意、广告设计中，它是以视觉形象出现的，而且具有一定的创意形式，如图4-4所示。

图形本身是视觉空间设计中的一种符号形象，是视觉传达过程中较直接、较准确的传达媒体，它在沟通人们与文化、信息方面起到了不可忽视的作用。在图形设计中，符号学的运用，影响着图形设计的表形性思维的表诉。也正是由于它的存在，使平面图形设计的信息传达更加科学准确，表现手法更加丰富多彩。

平面图形设计本身是符号的表达方式，设计者借它向受众传达自身的思维过程与结论，达到指导或是劝说的目的；换言之，受众也正是通过设计者的作品，与自身经验加以印证，最终了解设计者所希望表达的思想感情。显而易见，作为中间媒体的平面图形设计作品，这时就充当着设计者思想感情符号，而这个符号所需表达的信息是否可以被观者准确的、快速的、有效的接受与认知，就成了设计作品成功与否的标志。这正是由设计者在设计的思维过程中对图形符号的挑选、组合、转换、再生把握的准确有效程度所决定的。由此可以说，符号是表达思想感情的工具。而"工欲善其事，必先利其器"这句古训在这里得到了新的诠释，如图4-5所示。

图4-4

图4-5

4.2 图案创意的表现形式

4.2.1 变化与统一

变化，是指图案的各个组成部分的差异。

统一，是指图案的各个组成部分的内在联系。

图案不论大小都包括：内容的主次、构图的虚实聚散、形体的大小方圆、线条的长短粗细、色彩的明暗冷暖等各种矛盾关系，这些矛盾关系，使图案生动活泼，有动感，但处理不好，又易杂乱。如用统一的手法，把它们有机地组织起来，形成既丰富，又有规律，从整体到局部做到多样统一的效果。统一中求变化，在变化中求统一，使图案的各个组成部分既有区别又有内在联系的变化的统一体，如图4-6所示。

图4-6

4.2.2 对称与均衡

对称，指假设的一条中心线（或中心点），在其左右、上下或周围配置同形、同量、同色的纹样所组成的图案。

从自然形象中，到处都可以发现对称的形式，如我们自身的五官和形体，以及植物对生的叶子、蝴蝶等，都是优秀的左右对称典型。从心理学角度来看，对称满足了人们生理和心理上的对于平衡的要求，对称是原始艺术和一切装饰艺术普遍采用的表现形式，对称形式构成的图案具有重心稳定和静止庄重、整齐的美感，如图4-7所示。

均衡，指中轴线或中心点上下左右的纹样等量不等形，即分量相同，但纹样和色彩不同，是依中轴线或中心点保持力的平衡。在图案设计中，这种构图生动活泼，富于变化，有动的感觉，具有变化美，如图4-8所示。

图4-7 图4-8

4.2.3 条理与反复

图4-9

条理是有条不紊。反复是来回重复。条理与反复即有规律的重复。

自然界的物象都是在运动和发展着的。这种运动和发展是在条理与反复的规律中进行的，如植物花卉的枝叶生长规律，花型生长的结构，飞禽羽毛、鱼类鳞片的生长排列，都呈现出条理与反复这一规律。

图案中的连续性构图，最能说明这一特点。连续性的构图是装饰图案中的一种组织形式，它是将一个基本单位纹样作上下左右连续，或向四方重复地连续排列而成的连续纹样。图案纹样有规律的排列，有条理的重叠交叉组合，使其具有淳厚质朴的感觉，如图4-9所示。

4.2.4 节奏与韵律

节奏是规律性的重复。节奏在音乐中被定义为"互相连接的音，所经时间的秩序"，在造型艺术中则被认为是反复的形态和构造。在图案中将图形按照等距格式反复排列，作空间位置的伸展，如连续的线、断续的面等，就会产生节奏。

韵律是节奏的变化形式。它变化节奏的等距间隔为几何级数的变化间隔，赋予重复的音节或图形以强弱起伏、抑扬顿挫的规律变化，就会产生优美的律动感。

图4-10

节奏与韵律往往互相依存，互为因果。韵律在节奏基础上丰富，节奏是在韵律基础上的发展。一般认为节奏带有一定程度的机械美，而韵律又在节奏变化中产生无穷的情趣，如植物枝叶的对生、轮生、互生，各种物象由大到小，由粗到细，由疏到密，不仅体现了节奏变化的伸展，也是韵律关系在物象变化中的升华，如图4-10所示。

4.2.5 对比与调和

对比是指在质或量方面有区别的各种形式要素的相对比较。在图案中常采用各种对比方法，一般是指形、线、色的对比；质量感的对比；刚柔静动的对比。在对比中相辅相成，互相依托，使图案活泼生动，而又不失于完整，如图4-11所示。

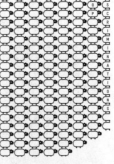

图4-11

调和就是适合，即构成美的对象在部分之间不是分离和排斥，而是统一、和谐，被赋予了秩序的状态。一般来讲对比强调差异，而调和强调统一，适当减弱形、线、色等图案要素间的差距，如同类色配合与邻近色配合具有和谐宁静的效果，给人以协调感，如图4-12和图4-13所示。

图4-12　　　　　　　　　　　　图4-13

对比与调和是相对而言的，没有调和就没有对比，它们是一对不可分割的矛盾统一体，也是取得图案设计统一变化的重要手段。

4.3　图形图案创意设计案例解析

4.3.1　铅笔图案

本案例讲解铅笔图形的创建，利用矩形工具为基础图形，然后将图形转换为圆角矩形并添加按钮元素，最终效果如图4-14所示。

图4-14

（1）激活【矩形工具】▢，在工作区单击一点作为起点，然后按住鼠标左键向右下角拖动，至合适大小及位置后释放鼠标，即可绘制一个矩形。

（2）激活工具箱中的【矩形工具】▢，按住Shift键同时拖动鼠标，确定一定大小后释放鼠标，可以绘制出以中心点为基准的矩形。

技巧提示：在使用矩形工具时，按住Shift+Ctrl键的同时拖动鼠标可以绘制出以中心点为基准的正方形。

（3）矩形工具属性栏与基本操作。

① 旋转角度：在文本框中输入旋转角度，可对所选择的矩形进行相应角度的旋转。

② 转换为圆角、扇形角和倒棱角按钮。

▷ **圆角**：将矩形的转角变为弧形，在后面的转角半径文本框中输入角度值。

▶ **扇形角：** 将矩形的转角替换为弧形凹口。

▶ **倒棱角：** 将矩形的转角替换为直边。

③ 全部圆角：在调节矩形的各个边角圆滑度时，选中全部圆角按钮，设置圆角效果。

④ 左边右边矩形的边角圆滑度：可在文本框中分别输入0～100的任意数值，完成对绘制矩形每个角的圆滑设置，数值越大，圆角效果越明显。

设计过程 ●●●

（1）激活工具箱中的【矩形工具】□，绘制一个矩形，设置其【填充】为黄色（R：255，G：240，B：0），【轮廓】为无，效果如图4-15所示。

（2）选中矩形向右侧平移并复制，设置其【填充】为黄色（R：240，G：133，B：25），【轮廓】为无，效果如图4-16所示。

（3）在矩形顶部绘制一个矩形，设置其【填充】为灰色（R：230，G：230，B：230），【轮廓】为无，效果如图4-17所示。

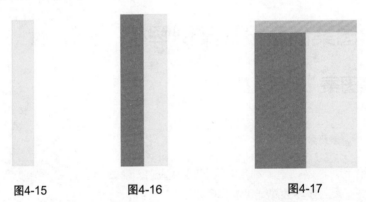

图4-15   图4-16   图4-17

（4）同样方法绘制矩形，并设置其【填充】为红色（R：234，G：98，B：104），效果如图4-18所示。

（5）激活工具箱中的【形状工具】⬧，按住Shift键同时拖动红色矩形上方两个节点，将其转换为圆角矩形，效果如图4-19所示。

图4-18   图4-19

（6）激活工具箱中的【钢笔工具】 ，绘制一个不规则图形作为笔尖，设置其【填充】为卡其色（R：248，G：199，B：141），【轮廓】为无，位置如图4-20所示。

（7）选中刚绘制的笔尖图形，并将【填充】更改为深灰色（R：71，G：68，B：61），效果如图4-21所示。

（8）选中两个黄色图形，执行菜单栏中的【对象】→【图框精确裁剪】→【设置图文框内部】命令，将图形放置到矩形内部，最终效果如图4-22所示。

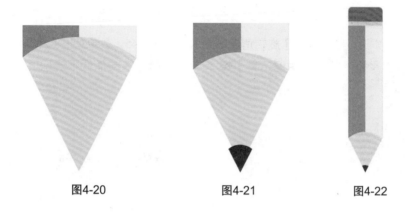

图4-20　　　　　　　　　图4-21　　　　　　　　　图4-22

4.3.2　海豚图案

▶ **实例解析** ●●●

本案例讲解如何创作带有立体背景的图像效果。主要通过降低不透明度，利用视觉误差生成一种立体效果，如图4-23所示。

图4-23

▶ **所用工具** ●●●

● **旋转角度** ⟳ ⌀

该数字框用来精确设定选定对象的旋转角度。当输入正值时，可逆时针旋转对象；输入负值时，可顺时针旋转对象。

▶ **设计过程** ●●●

（1）激活工具箱中的【矩形工具】 ，绘制一个矩形，设置其【填充】为浅灰色（R：238，G：238，B：238），【轮廓】为无，效果如图4-24所示。

（2）在矩形左上角位置按住Ctrl键绘制一个正方形，设置其【填充】为白色，【轮廓】为无，效果如图4-25所示。

图4-24   图4-25

（3）选中正方形，在属性栏【旋转角度】文本框中输入45，效果如图4-26所示。

（4）激活工具箱中的【透明度工具】▨，在正方形上拖动降低不透明度，效果如图4-27所示。

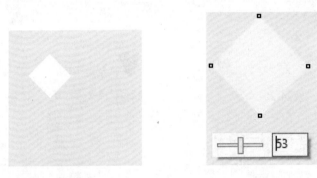

图4-26   图4-27

（5）选中正方形并将其向右平移单击鼠标右键复制，再按Ctrl+D快捷键将图形复制多份，效果如图4-28所示。

（6）同样的方法选中所有菱形，将其向下复制多份并铺满整个灰色矩形，完成了特殊背景制作，效果如图4-29所示。

图4-28   图4-29

（7）激活工具箱中的【钢笔工具】✎，绘制一个不规则图形，作为卡通形象头部和身体，设置其【填充】为蓝色（R：160，G：217，B：246），【轮廓】为无，效果如图4-30所示。

（8）同样的设置，在左侧绘制一个尾巴图形，效果如图4-31所示。

（9）单击工具箱中的【钢笔工具】 🖊，在头部绘制一条弧形线段作为嘴巴，设置【轮廓】为深色，【轮廓宽度】为0.2mm，效果如图4-32所示。

图4-30　　　　　　　　　图4-31　　　　　　　　图4-32

（10）激活工具箱中的【椭圆形工具】 ⬭，在线条左侧顶端位置按住Ctrl键绘制一个正圆，设置其【填充】实体为粉色（R：244，G：181，B：208），【轮廓】为无，效果如图4-33所示。

（11）复制正圆向右上角方向移动并缩小，将其【填充】更改为深褐色（R：102，G：51，B：51），效果如图4-34所示。

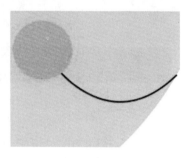　　　　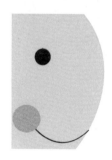

图4-33　　　　　　　　　　　　图4-34

（12）激活工具箱中的【钢笔工具】 🖊，在头部绘制一个不规则图形，作为喷水状，设置其【填充】为蓝色（R：160，G：217，B：246），【轮廓】为无，效果如图4-35所示。

（13）选中喷水图形向右侧平移并复制，单击属性栏的【水平镜像】 ⬌ 按钮，将其水平镜像，再将其等比例缩小，调整其与背景之间的关系，效果如图4-36所示。

图4-35　　　　　　　　　　　图4-36

4.3.3 标签设计

本案例讲解标签的创意设计。如图4-37所示，创作中以正面信息为主，力求对色彩准确运用及探究矩形变化的处理方法。

图4-37

设计过程

（1）激活工具箱中的【矩形工具】□，绘制一个【宽度】为90mm，【高度】为54mm的矩形，设置其【填充】为灰色（R：170，G：170，B：170），【轮廓】为无，效果如图4-38所示。

（2）选中该矩形工具，按住Shift键并单击鼠标右键，复制该图形。将粘贴的图形高度缩小，并将其【填充】更改为深灰色（R：77，G：77，B：77），效果如图4-39所示。

图4-38   图4-39

（3）激活工具箱中的【矩形工具】□，绘制一个矩形，设置其【填充】为紫色（R：254，G：90，B：186），【轮廓】为无，效果如图4-40所示。

（4）选中紫色矩形，根据设计要求做适当旋转，效果如图4-41所示。

图4-40   图4-41

（5）选中该图像，按住Ctrl键向右侧平移至合适位置，然后单击鼠标右键即可复制，效果如图4-42所示。依次选中复制生成的3个图形，将其更改为不同的颜色，效果如图4-43所示。

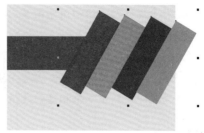

图4-42   图4-43

（6）同时选中4个倾斜矩形，执行菜单栏中的【对象】→【图框精确裁剪】→【置于图文框内部】命令，将图形置于其中，效果如图4-44所示。

（7）激活工具箱中的【文本工具】**字**，在名片的适当位置输入文字，设置字体为Arial，效果如图4-45所示。

图4-44   图4-45

（8）执行菜单栏中的【文件】→【打开】命令，选择"第4章→素材→图标.cdr"文件，激活【打开】按钮。

（9）将打开的文件拖入当前页面名片文字前方位置，这样就完成了效果的制作，如图4-46所示。

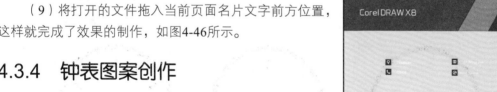

图4-46

4.3.4 钟表图案创作

本例讲解绘制钟表，绘制过程中以正圆为基础，同时利用2点线工具添加时刻，整体特征鲜明，最终效果如图4-47所示。

所用工具

●【2点线工具】，功能是连接起点和终点绘制一条直线，可以多种方式绘制逐条相连或与图形边缘相连的连接线，组合成需要的

图4-47

图形，一般用于流程图、结构示意图等。

▶ 【2点线工具】，连接起点和终点绘制一条直线。按住鼠标左键拖动，可以在鼠标按下与释放间，创建一条直线。

▶ 【2点线工具】，绘制折线的方法与手绘工具有一点区别，只需要单击直线的一个端点进行拖动并释放即可创建一个相连的线段，重复几次，就可绘制出折线。

设计过程 ●●●●

（1）激活工具箱中的【椭圆形工具】○，按住Ctrl键绘制一个正圆，设置其【填充】为白色，【轮廓】为深灰色（R：51，G：44，B：43），【轮廓宽度】为4，效果如图4-48所示。

（2）激活工具箱中的【2点线工具】，在表盘左侧位置绘制一条稍短的线段，设置其【轮廓】为深灰色（R：51，G：44，B：43），【轮廓宽度】为2，效果如图4-49所示。

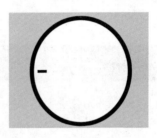

图4-48　　　　　　　　　　　　图4-49

（3）同时选中两条线段，按住Shift键并同时单击鼠标右键，将小线段向右侧平移复制后，在单击属性栏的【旋转角度】文本框中输入90°，调整位置，效果如图4-50所示。

（4）以同样的方法将线段再复制数份，以制作表盘刻度，效果如图4-51所示。（提示：每两个表盘刻度之间为30°，以此类推，制作标准的表盘刻度）。

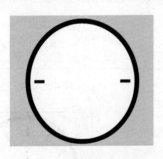

图4-50　　　　　　　　　　　　图4-51

（5）激活工具箱中的【钢笔工具】，绘制两个三角图形，以制作时针和分针，设置其【填充】为深灰色（R：51，G：44，B：43），【轮廓】为无，如图4-52所示。

（6）激活工具箱中的【2点线工具】，绘制一条线段，以制作秒针，设置其【轮廓】为红色（R：255，G：0，B：0），【轮廓宽度】为2，效果如图4-53所示。

图4-52　　　　　　　　　　　　图4-53

4.3.5　橘子图案创作

实例解析

扁平化即去除冗余、厚重和繁杂的装饰效果。而具体表现就是去掉了多余的透视、纹理、渐变以及能做出3D效果的元素，让"信息"本身重新作为核心被凸显出来。同时在设计元素上，则强调了抽象、极简和符号化。如图4-54所示，本案例讲解了如何创作扁平化图案。

图4-54

▶ "钢笔工具"是一种非常适合绘制精确图形的工具，通过它可以绘制闭合图形，也可以绘制曲线，按下空格键即可在未形成闭合图形时完成绘制。使用钢笔工具绘图时，用户可以像使用贝塞尔工具一样，通过调整点的角度及位置来达到理想的形状。此外，在属性栏中还可以对曲线的样式、宽度进行设置。

▶ "钢笔工具"属性栏与前面介绍的手绘工具属性栏相同，不再赘述。

设计过程

（1）激活工具箱中的【钢笔工具】 ⬙，绘制一个不规则图形，以制作橘子轮廓，设置其【填充】为橙色（R：240，G：123，B：25），【轮廓】为无，效果如图4-55所示。

（2）继续在橘子图形上绘制一个不规则图形，设置其【填充】为白色，【轮廓】为无，效果如图4-56所示。

图4-55　　　　　　　　　　　　图4-56

（3）选中白色图形，激活工具箱中的【透明度工具】 ▦，在属性栏中将【合并模式】更改为柔光，【不透明度】更改为50，然后执行菜单栏中的【对象】→【图框精确裁剪】→【置于图文框内部】命令，效果如图4-57所示。

（4）激活工具箱中的【钢笔工具】🖋，在橘子顶部绘制一条线段，设置其【轮廓】为绿色（R: 95，G: 167，B: 188），【轮廓宽度】为2.5mm，效果如图4-58所示。

图4-57

图4-58

（5）激活工具箱中的【钢笔工具】🖋，在左上角绘制一个绿叶图形，设置其【填充】为绿色（R: 123，G: 192，B: 101），【轮廓】为无，效果如图4-59所示。

（6）在绿叶图形位置绘制一条线段，设置【轮廓】为深灰色（R: 51，G: 44，B: 43），【轮廓宽度】为细线，以制作叶子纹理，效果如图4-60所示。

图4-59

图4-60

（7）激活工具箱中的【钢笔工具】🖋，在叶子下方绘制一个图形，设置其【填充】为白色。【轮廓】为无，效果如图4-61所示。

（8）选中图形，激活工具箱中的【透明度工具】▦，在对象属性对话框中将【合并模式】更改为柔光，效果如图4-62所示。

（9）以同样的方法在下方位置再次绘制一个稍小的图形，并更改为常规模式，效果如图4-63所示。

图4-61

图4-62

图4-63

（10）激活工具箱中的【椭圆形工具】 ，按住Ctrl键在图形旁边绘制一个正圆，设置其【填充】为深褐色（R：87，G：56，B：45），【轮廓】为无，效果如图4-64所示。

（11）在正圆位置再次绘制两个白色小正圆，效果如图4-65所示。

图4-64

图4-65

（12）同时选中3个正圆并向右侧平移复制，效果如图4-66所示。

（13）激活工具箱中的【钢笔工具】 ，在下方位置绘制一条稍短的曲线，设置其【轮廓】为深褐色（R：87，G：56，B：45），【轮廓宽度】为1，效果如图4-67所示。

图4-66

图4-67

4.4 卡通形象设计案例解析

TIP

（1）虚拟段删除工具

使用该工具时可以删除任何图形，不需要完全选择要删除的对象，而只需要选择要删除的对象的部分即可。即使是群组的对象，也非常方便。但是该工具与删除命令是不同的，虚拟段删除工具删除的是该对象与其他对象无关联的部分，否则将有关联的对象一起删除。

（2）缩放工具

该工具主要执行对象的放大和缩小以及手形功能，它的工具栏中包括缩放工具和手形工具（利用其做平移）。

智能绘图工具同时增加了绘图的随意性与平滑感，其功能与"手绘"笔工具相似。

（3）调和

该工具组中的各个工具主要用来生成各种特殊效果，其主要用来调和两个图形之间的效果。

设计过程 ●●●

（1）激活工具箱中的【贝塞尔工具】，绘制一个不规则图形，在画面中绘制出人脸大致的轮廓，效果如图4-68所示。

（2）激活工具箱中的【形状工具】，调整节点及节点上的手柄使线条顺畅圆滑，效果如图4-69所示。

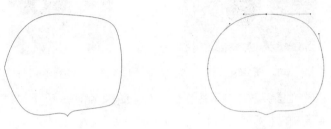

图4-68　　　　　　　　　　　　　　图4-69

（3）激活工具箱中的【交互填充工具】，单击属性栏中的【均匀填充工具】，设置其【填充】为肉色（R：251，G：177，B：132），【轮廓】为无，效果如图4-70所示。

（4）激活工具箱中的【椭圆形工具】，在，效果如图4-71所示。

图4-70　　　　　　　　　　　　　　图4-71

（5）激活工具箱中的【交互填充工具】，单击属性栏中的【渐变填色工具】按钮和【椭圆形渐变填充工具】按钮，设置其【填充】为蓝色（R：138，G：205，B：246）到白色渐变，【轮廓】为无，效果如图4-72所示。

（6）绘制黑眼球部分并填充渐变色，设置其【填充】为深蓝色（R：22，G：119，B：169）到浅蓝色（R：0，G：169，B：224）椭圆形渐变，【轮廓】为无，然后绘制黑色瞳孔，并将绘制好的眼睛复制，对称放置，效果如图4-73所示。

图4-72　　　　　　　　　　　　　　图4-73

（7）利用椭圆形工具绘制鼻子并填充渐变色（方法同上），效果如图4-74所示。

（8）激活工具箱中的【贝塞尔工具】🖋，绘制如图4-75所示嘴的线条。

图4-74

图4-75

（9）激活工具箱中的【椭圆形工具】◯，在左腮绘制一个正圆，然后绘制一个小椭圆。正圆【填充】为同样的肤色，小椭圆【填充】为肉色（R：230，G：33，B：41），效果如图4-76所示。

（10）激活工具箱中的【调和工具】🖉，按住鼠标左键从椭圆拖动到正圆，效果如图4-77所示。

图4-76

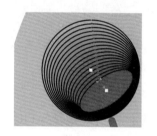

图4-77

（11）复制腮红并旋转调整角度，使左右对称，效果如图4-78所示。

（12）激活工具箱中的【贝塞尔工具】🖋，绘制如图4-79所示眉毛形状，设置其【填充】为（R：244，G：128，B：0）颜色，【轮廓】为无。

图4-78

图4-79

（13）激活工具箱中的【贝塞尔工具】🖋，绘制如图4-80所示下巴，设置其【填充】为（R：244，G：128，B：0）颜色，【轮廓】为无。

（14）填充下巴后，激活工具箱中的【透明度工具】🖎，选择渐变透明度选项，在半圆的上方位置向下拖动，效果如图4-81所示。

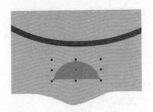

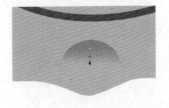

图4-80　　　　　　　　　　　　　　　　　图4-81

（15）激活工具箱中的【贝塞尔工具】✐️，大致绘制一个帽子形状，效果如图4-82所示。

（16）激活工具箱中的【形状工具】🔧，调整节点及节点上的手柄使线条顺畅圆滑，然后在帽子里侧再复制该轮廓并调整大小，效果如图4-83所示。

图4-82　　　　　　　　　　　　　　　　　图4-83

（17）设置其【填充】为浅绿色（R：106，G：195，B：53）和深绿色（R：88，G：53，B：0），【轮廓】为无，效果如图4-84所示。

（18）激活工具箱中的【调和工具】🎨，从浅绿色形态拖动到深绿色，在属性栏中选择"直接调和"，效果如图4-85所示。

（19）在帽尖部分绘制几个圆形，单击【椭圆形渐变填充工具】🔲按钮，设置其【填充】为黄色（R：253，G：240，B：143）到白色的渐变色，【轮廓】为无，效果如图4-86所示。

图4-84　　　　　　　　　　图4-85　　　　　　　　　　图4-86

（20）激活工具箱中的【贝塞尔工具】✐️，绘制一个领子。激活工具箱中的【形状工具】🔧，调整节点及节点上的手柄使线条顺畅圆滑，然后填充大红色（R：235，G：61，B：0），效果如图4-87所示。

（21）同样方法，如图4-88所示，绘制领子阴影部分。

（22）激活工具箱中的【贝塞尔工具】 ，在身体上绘制一个区域，效果如图4-89所示。

图4-87   图4-88   图4-89

（23） 激活工具箱中的【交互填充工具】 ，设置如图4-90所示的渐变颜色为中黄色（R: 252，G: 185， B: 0）到浅黄色（R: 253，G: 200，B: 0），再激活工具箱中的【贝塞尔工具】 ，在身体上绘制几个封闭区域。

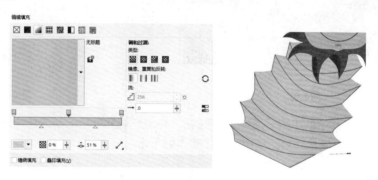

图4-90

（24）依次选择封闭区域，单击【编辑填充】 按钮，在弹出的如图4-91所示对话框中，选择【线性渐变填充】 ，设置其【填充】为（R: 244，G: 129，B: 0）到（R: 246，G: 147， B: 0）再到（R: 253，G: 200，B: 0）浅黄色渐变。

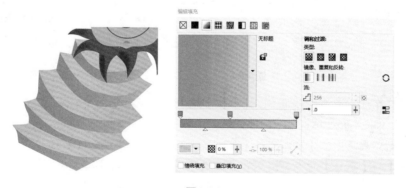

图4-91

（25）利用工具箱中的【贝塞尔工具】🖉分别绘制盒身的几个面并调整前后关系。激活工具箱中的【交互填充工具】◈，单击属性栏中的【渐变填色工具】▨，设置其【填充】为蓝颜色（R: 0, G: 86, B: 162）与绿颜色（R: 0, G: 159, B: 69），【轮廓】为无；选择盒盖，填充渐变色效果，激活属性栏中的【渐变填色工具】▨，再选择【矩形渐变填充工具】▨，设置其【填充】为（R: 236, G: 75, B: 0）橙色外围与（R: 253, G: 250, B: 0）金黄色内心，效果如图4-92所示。

（26）激活工具箱中的【多边形工具】◯，绘制边形为5的星形。激活【形状工具】🖉，在星形的一个角的两个边上分别双击增加两个节点。然后将星形上的3个节点一同选取，右击鼠标选择【到曲线】按钮，调整节点上的手柄使星形的尖头变成圆形，或单击属性栏中的【平滑节点工具】🖉，调整曲线的圆滑度，效果如图4-93所示。

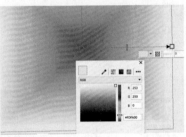

图4-92   图4-93

（27）单击属性栏中的【编辑填充】▨按钮，将星形填充蓝色的渐变色，如图4-94所示。激活【轮廓笔】，在"轮廓笔"对话框中设置如图4-95所示。

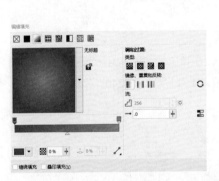
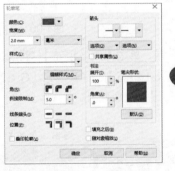

图4-94   图4-95

（28）选择星形，激活工具箱中的【形状工具】🖉，拖动手柄使之变形。然后将星形放置在图中相应位置，如图4-96所示，注意前后关系。

（29）激活工具箱中的【文本工具】字，输入文字"JACK IN THE BOX"，然后执行菜单栏中的【对象】→【拆分】命令，将文字形成单行，调整部分文字的大小和位置，效果如图4-97所示。

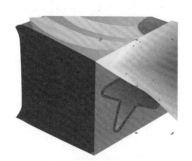

图4-96　　　　　　　　　　　图4-97

（30）激活工具箱中的【交互填充工具】◆，单击【向量图样填充工具】▦按钮，逐一改变图案填充不同对象，效果如图4-98所示。

（31）将制作好效果的文字变形放置在相应位置，盒子效果如图4-99所示。

图4-98　　　　　　　　　　　图4-99

（32）激活工具箱中的【艺术笔工具】♌，在"小丑"人物的周围绘制一条弧线，在属性栏中选取相应的图案并根据画面的需要调整，效果如图4-100所示。

（33）"盒中的小丑"图形效果制作完成，也可以根据自己的喜好选择不同的艺术笔触效果，最终效果如图4-101所示。

图4-100　　　　　　　　　　　图4-101

第5章

广告设计

5.1 广告概述

广告是一种信息传递的艺术。它是通过一定的媒体向人群传达某一种信息，以达到一定目的的信息传播活动。广告设计是指如何将某种信息传播和如何实施传播的计划。它主要包括广告策划、广告创意、广告方案、广告媒体的选择和广告制作的技巧。

5.1.1 广告的功能与要素

1. 广告的功能

广告的基本职能是传播某种社会信息或商品的信息，加速流通、指导消费、有利竞争。广告设计要注意它所倡导的作用，注意广告内容的思想性，要发扬优良的民族传统，具有正确的观念和健康的格调，并具有高尚的审美情趣。

2. 广告要素

（1）广告非形象化成分

广告的文字部分包括标题、口号、正文，即广告的固定成分。标题作为最吸引人的部分，它占据广告的核心地位，是广告中最重要的部分。它具有十分强烈的吸引力和选择力。从阅读的角度讲，标题传达了广告的内容，让消费者明确广告的目的。口号在广告中往往是固定使用、重复使用的宣传语。它一般是用最为简练、最易记忆的语言把商品的广告主题清楚地表达出来。它多半是从标语中演化出来的，起到唤起消费者和读者的亲切感的作用。广告正文基本上是标语的发挥和解释，它的目的是促使消费者走向广告宣传的目标，借助有趣味的和建议性的文字内容来引起读者的兴趣，为读者提供令人信服的情报信息，促使其接受并去喜爱广告中的商品形象，如图5-1所示。

（2）广告形象化成分

主要指广告中的可视图形图像的形象，包括摄影和绘画两个部分。摄影是广告中最为形象化的主要因素，它具有真实、生动、优美、新颖、可信的特征，为其树立的商品形象传递了可信性信息，增强了广告的宣传力、号召力和感染力，引起读者的注意和兴趣。摄影广告由于具有十分强烈的写实能力，能准确、真实地再现物象外部的结构、质感、色彩及瞬间的动势感受，所以在广告设计中应用得最为广泛，其表现力尤显丰富。它可以进行巧妙地构思，可调动各种造型手段，运用各种表现形式和手法对物象进行对比、烘托、渲染、寓意等，把思想概念形象化，使广告富有感情色彩和艺术魅力。

　　绘画在广告中具有最稳定的特性，自广告诞生之日起，绘画的表现就一直伴随着广告艺术而发展到今天。绘画广告更加自由，感染力更加强烈。绘画首先在艺术构思方面十分自由灵活，各种构思方法均可运用，浪漫性的、抽象的、简约的、夸张的、虚拟的，这是绘画广告构思的优点。在表现手法上，绘画更具有自己的特色，各种绘画形式都是可采用的表现手法。如中国画、油画、水彩、水粉、版画、卡通漫画等。各类绘画形式可根据广告构思的需要灵活地运用，以体现出不同精神内涵和广告的信息传递作用。绘画由于更具有艺术品质的内涵，所以比一般的摄影更具艺术的吸引力。摄影往往以真实的场景和物象来吸引人，但从更深层次的心理和文化因素来讲，绘画的表现更高一筹，更具有独特的艺术欣赏性和艺术价值，如图5-2所示。

图5-1

图5-2

（3）广告色彩部分

　　主要指色彩在广告运用上表现出本身的特质，即色彩三要素：色彩的明度、纯度和色相。几乎所有的广告设计都具有色彩的成分要素。色彩在视觉传达中占有可视的第一作用，当我们一眼看到某个广告时，首先是被其色彩要素所吸引的。色彩传达出商品的第一信息，因而，历来的各类广告设计都在色彩的运用上挖空心思，使出高招，以传达出特别的信息。色彩的象征性、情感性的魅力，是色彩在广告中运用成功与否的关键。不同的创意，要展现出不同色彩的魅力，体现出不同文化内涵和商品特性，如图5-3和图5-4所示为不同的色彩所体现出的不同广告效果。

图5-3

图5-4

5.1.2 广告设计的艺术构思

1. 广告的策划研究

任何艺术创作都需要基本的素材和了解读者对象，广告设计同样也不例外，它是建立在可靠的消费者行为、市场调研和产品分析的基础之上的。离开了对市场和商品、消费者的研究及了解，广告设计艺术将是一座建立在空中的楼阁。必要的市场调查、消费者心理研究，对设计人员能更加贴切地传达广告中的信息是大有益处的。有的放矢地进行画面规划，突出特点，合理的设计思路以及准确的市场定位，都是取得最大社会效益和经济效益的必要手段。

> **消费者行为研究**：指消费者在购买和使用商品时的所有行为。消费者行为直接关系到商品和经济效益。消费者行为与自身的内在因素有关，这种因素可能通过广告宣传而受到不同程度的激发。

> **产品分析研究**：产品分析是从市场经营角度对所做广告的商品进行全面的分析，找出它比竞争对象具有什么独特的优点或吸引的要素。

> **市场调研与预测分析**：主要指对于消费者、经销者、竞争者3方面的调研。要搞清楚商品的消费对象在哪里，需要什么样的商品，需要量有多大，何时购买，如何购买使用等。

2. 广告设计的构思方式与表现

广告设计的构思方式是指设计者通过对商品及事务具体形象的感受和认识，在作品孕育过程中所进行的思维活动。包括确定主题、提炼题材、考虑画面结构、运用最恰当的表现形式等。它是一个复杂的思维过程。

构思首先是从对商品本身及作用等方面的反复了解和观察分析开始的，通过观察它的某些特点形态、时态，设计者会领悟出商品所蕴含的某种意义的观念和商品美的本质所在，进而激发出创作灵感。其后，设计者要不断地把这个正在构思的形象逐步明确化和具体起来，力求构思对广告内涵的包容，进一步加工成为具体的艺术形象。这时候的形象应该更加具有鲜明的个性，更加典型，更具有推销商品的观念。这是一个反复探索、精益求精的过程。作者在构思过程中要经常以不断地想象和情感来对设计过程进行调节和渗透，推动构思，使艺术形象的创造趋于完美，最终实现广告设计构思全过程的完成，如图5-5所示。

图5-5

5.2 图形组合

本章主要介绍在CorelDRAW X8中如何合理组合对象与调整对象。这些对象通常包括基本线条形状、常用几何图形、段落文本或者美术文本对象、三维对象以及位图、Internet对象等。

在CorelDRAW X8中，组合（群组）对象包括了许多方面的内容，用户常见的是把多个图形对象组合在一起，使它们具有某一共同的属性，或者能够同步进行某种变换等。组合对象的方法包括群组与解除群组，合并与拆分（分离）对象等基本操作；还包括一些特殊的处理对象工具，例如相交、修剪、焊接等。合理地进行这些工作，能够为绘图工作提供很大的方便。

调整对象可以结合鼠标、属性栏、变换工具栏等共同完成。但无论使用哪一种方法，都可以进行诸如精确位移、旋转与倾斜、比例放大与镜像等操作。由于绘图软件以及计算机本身的局限性，都不可能提供所有形状的绘制工具，而使用各种变换功能则能够使有限的基本形状具备无限扩展的功能。

此外，当使用多个对象进行工作时，尤其是在同一绘图窗口的同一区域中绘制了多个图形对象时，每一个图形对象的放置位置都会直接影响到最终图形的外观，所以以CorelDRAW X8提供了多种排列顺序来排列这些图形对象。

5.2.1　组合对象

当在同一个图层中绘制了许多的图形时，将它们一起进行变换操作比较困难，特别是当它们可能分布在屏幕的不可见区域中，使用挑选工具进行选取工作时，常常要拖着滚动条四处寻找，针对这种情况CorelDRAW X8和以前版本一样提供了强大的组合对象的功能。

1. 组合、取消组合和取消所有组合

在CorelDRAW X8中，菜单【对象】中的【组合】菜单中包含【组合对象】、【取消组合对象】、【取消所有组合对象】命令是最为常用的组合多个对象的命令。其中【组合】命令能够把多个对象以一种简单的、机械的形式组合在一起，从而使它们能够被当作一个整体来处理。当使用【组合对象】命令时，组合对象中的个体之间能够保持原来的连接和空间关系。如果想分离一个组合，可以执行【取消组合对象】命令来完成，如果要取消当前组合对象中的所有群组，则可以执行【取消所有组合对象】命令。

（1）组合对象

【群组】命令允许使用多个对象来创建一个整体。一旦把多个对象放在了同一群组中，就可以把它们当作一个整体来应用某种操作或者特殊效果了，但群组中的每个对象始终保持其原始属性。在需要防止对相关对象的意外更改时，【群组】命令最为有用。

群组对象的操作方法如下：

① 激活工具箱中的【选择工具】，然后选择全部或一部分对象。如要选择全部对象，使用【挑选】工具拖出矩形框，或者按Shift键分别单击各个对象，或者执行【菜单】→【全选】→【对象】命令即可。

② 执行【对象】→【组合】→【组合对象】命令，可以把选定的对象组合在同一组中，默认时，组合对象会自动处于选定状态中，在各对象的边缘上显示8个缩放控制柄。

当选定多个对象后，CorelDRAW X8会自动弹出多个对象的属性栏，单击该属性栏上的【组合】按钮也可以组合多个对象，如图5-6所示。

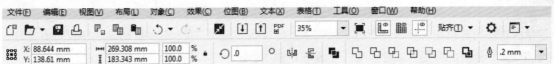

图5-6

CorelDRAW X8还允许使用【组合对象】命令来创建一个嵌套的群组，即能够把某一群组对象与其他的多个对象共同组合成新的群组对象。方法是，使用【选择工具】选择两个或更多的群组（允许一个群组同多个单独对象），然后执行【对象】→【组合对象】命令。这样所形成的一个群组是由两个或多个嵌套群组构成的。要使用【组合】命令，还可以在选定了多个对象后，右击绘图窗口，从其弹出的下拉菜单中选择【组合对象】命令，【组合对象】命令的快捷键是Ctrl+G。

（2）选择组合中的对象

在CorelDRAW X8中，允许对组合中的个别对象或者某几个对象单独进行编辑，这样就不必为了对个别对象进行更改而取消全部群组了。但是，在对个别对象进行编辑之前，必须首先从组合对象中选定要编辑的一个或者几个对象，CorelDRAW X8同样为进行这类操作提供了方便快捷的途径。选择组合中的个别对象的方法如下。

① 通常情况下激活【选择工具】，按住Ctrl键，然后单击要选择的对象，被选择的对象四周会出现8个圆点（通常选择对象时，对象四周会出现8个矩形点）。

② 如果要选择嵌套群组中的对象，按住Ctrl键，然后激活【选择工具】，单击要选择的对象。如果对象是嵌套群组中的一部分，则整个群组被选定，并被一个选择框所环绕；然后按住Ctrl键继续单击要选择的对象，即可完成选择。

（3）取消组合对象

取消组合能够把一个组合拆分为其原来的基本组件对象，如果有嵌套组合（组合中还有组合），就需要将取消组合的过程重复执行直至达到所需的组合层次。在CorelDRAW X8中，取消组合的操作主要是通过单击鼠标右键执行【取消组合对象】命令即可，此外，如果有嵌套组合，并且只进行一次操作就解除所有的组合对象（包括嵌套组合）的组合状态，就可以使用【取消组合所有对象】命令来进行，如图5-7所示。其中：

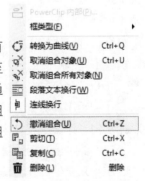

图5-7

▶ **取消组合对象**：将群组对象拆分为单个对象，或者将嵌套群组拆分为多个群组。

▶ **取消组合所有对象**：将群组对象拆分为单个对象，包括嵌套群组中的对象。

2. 合并与拆分对象

CorelDRAW X8中的【合并】命令能够把选定的多个对象紧密结合在一起，即组合两个或多个对象可以创建具有常用填充和轮廓属性的单个对象。

可以合并的对象包括矩形、椭圆、多边形、星形、螺纹、图形或文本。CorelDRAW X8 可将这些对象转换为单个曲线对象。如果需要修改从单独对象组合而成的对象的属性，则可以拆分组合的对象。

【合并】命令能够进一步融合原来对象的轮廓线条而生成新的轮廓线。新生成的形状还能够具有自己独立的填充和轮廓属性。

此外，如果要进行【合并】的各个原始对象是相互重叠的，那么执行了【合并】命令后的重叠区域被移除，能够直接看到其下面的东西；如果对象不重叠，则它们将成为单个对象的一部分，但仍会保持其空间上的分离。

（1）合并对象

在CorelDRAW X8中，【合并】命令可以把两个或多个对象创建成一个新的对象。在任何情况下，使用【合并】命令生成的对象都是一条曲线，可以像对CorelDRAW X8中任何曲线一样对其进行处理。

合并多个对象的方法如下：

① 激活工具箱中的基本绘图工具依次绘制出几个图形。

② 为了方便观察产生的效果，可以将图形填充不同颜色，如图5-8所示。

③ 激活【选择工具】 ，按住Shift键，然后从左至右依次单击4个图形对象（最后选择黄色对象）。

④ 执行【对象】→【合并】命令。这时可以看到合并后的对象成为一个新的对象，并且颜色都变成了最后被选择的一个几何体的颜色（黄色），效果如图5-9所示。

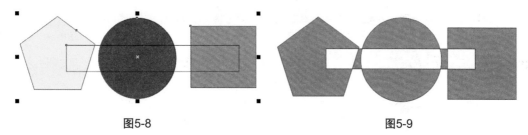

图5-8　　　　　　　　　　　　　　　　　图5-9

因此必须明白运用【合并】命令产生新对象的颜色，是由最后选取对象的颜色来决定的，而且重叠区域将被移除。

通过上述实例可以看出，合并后的各个对象仍有其外形和属性，但已被融合为一个整体了，不能再对某个单个的对象进行移动、着色、效果处理等操作；由于合并后的对象是一个独立体，所以只能有一种填充颜色和轮廓线，在所有的被合并对象中，都是由最后选取的那个对象决定合并后的填充颜色。值得注意的是，在矩形、椭圆形、多边形、星形、螺纹、图形或文本上使用【结合】命令，CorelDRAW X8在把它们转换为单个的曲线对象前会自动先将其转换为曲线。但是，当文本与其他文本组合时，文本对象被转换为更大的文本块而不是曲线。如果想用【结合】命令来改变艺术字对象的形状，可以先把美术文字转换为一个曲线对象，但是CorelDRAW X8不允许把段落文本转换为曲线。

（2）拆分【合并】后的对象

大家时常会遇到这样一种情况：已经将一些对象运用【合并】命令组合成一个独立的整体，但是对组合后的图形并不是十分满意等原因，这就需要将组合的对象拆分。

执行【对象】→【拆分曲线】命令的作用与【合并】命令完全相反。它主要用来分离使用【合并】命令组合到一起的对象。一旦将对象拆分后，就可以更改其任意单个对象的特征和属性。对象经过【合并】命令后，再用【拆分】命令来拆分对象，会发现拆分出来的对象都是曲线；然而如果合并的是文本，拆分出来的文本对象不再具有文本特性，它也是一条曲线，再也不能把它当作文本进行编辑了，因此应谨慎使用【合并】与【拆分】命令。

当对于文本使用合并命令时，只是将该段文字拆分成单个文字。如果要对圆或矩形及单个文字进行变形时，只需选择【对象】→【将轮廓转换为对象】命令即可。

3. 特殊的合并对象命令——造型

在CorelDRAW X8中，还提供了一些特殊的合并对象的命令，例如【焊接】、【修剪】、【相交】等。它们主要位于菜单【对象】→【造型】子菜单中，通过使用相交、相减等方法把两个或多个对象的重叠区域获得特殊的形状。

下面主要介绍常用的【焊接】、【修剪】、【相交】命令的作用。（为避免误会，本小节以下称"合并"为"焊接"）。

当同时选择了多个图形对象后，如图5-10所示，在该属性栏中以工具按钮的形式提供了快速【焊接】、【修剪】、【相交】、【简化】命令。

图5-10

执行【窗口】→【泊坞窗】→【造型】命令，可以打开【造型】控制面板，如5-11所示。该面板中提供了更多的、更为精确的选项来控制【焊接】、【修剪】、【相交】等命令的实现方式。

（1）焊接

【焊接】命令允许把两个或多个对象组成一个单独的对象。如果【焊接】重叠的对象，这些对象将连接起来创建一个只有单一轮廓的对象。如果【焊接】不重叠的对象，则形成一个【焊接群组】，它也像一个单一对象。在这两种情况中，对象都将采用目标对象（将选定对象接合到的对象）的填充和轮廓属性。

创建【焊接】的对象的方法如下：

① 新建文件并绘制椭圆形和矩形，调整各自的位置使之形成交叉。

② 激活【选择工具】，单击椭圆形对象，然后单击【焊接到】按钮，并移动鼠标到要焊

接的目标对象（矩形）上单击。这样把两个对象焊接为一个新对象，效果如图5-12所示。

③ 焊接后的对象颜色是由目标对象决定的。因此如果对象已经填充颜色，则结合后将使用目标对象的填充颜色和轮廓属性。

图5-11

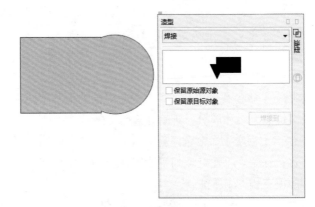

图5-12

▶ TIP：【焊接】命令能够将两个或多个对象创建成单个曲线对象。如果要焊接的对象有相互重叠的区域，则结果是只有一个轮廓的单个对象；如果对象没有重叠，则形成一个焊接群组，其中的对象看起来是彼此分离的，但被当作一个对象来处理。

（2）修剪

【修剪】命令通过移除重叠其他对象（或被重叠）的区域来改变对象的形状。所修剪的对象，即【目标对象】将保留其填充和轮廓属性。同时允许自由地选择修剪过程中所使用的目标对象以及源对象；当选择不同的目标对象与源对象时，得到的最终图形效果也略有不同。几乎所有用CorelDRAW X8创建的对象，包括克隆、不同图层上的对象以及带有交叉线的单个对象都可以使用【修剪】命令。但是，不能修剪段落文本、尺度线条或克隆的主对象。

创建【修剪】对象的方法如下：

① 绘制如图5-13所示两个叠加的图形，然后选择【圆】。

② 打开【修剪】泊坞窗，然后单击【修剪】命令按钮，将鼠标指向目标对象单击鼠标左键，效果如图5-14所示。

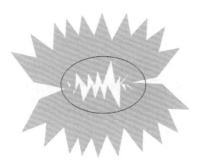

图5-13

图5-14

> ▶ TIP：CorelDRAW X8允许以不同的方式修剪对象。可以将前面的对象用作来源对象来修剪它后面的对象，也可以用后面的对象来修剪前面的对象。还可以移除重叠对象的隐藏区域，以便绘图中只保留可见区域。将矢量图形转换为位图时，移除隐藏区域可缩小文件大小。

修剪对象前，必须决定要修剪哪一个对象（目标对象）以及用哪一个对象执行修剪（源对象）。

（3）相交

【相交】命令利用两个或多个重叠对象的公共区域来创建新对象。新建对象的大小和形状就是重叠区域的大小和形状。新建对象的填充和轮廓属性取决于定义为【目标对象】的那个对象。

在使用【相交】命令创建新对象时，允许自由地选择是保留原始对象的全部、只保留一部分还是不进行保留。不论选取何种设置，新建对象都使用【目标对象】（即与选定对象交叉的那个对象）的填充和轮廓属性。

创建相交对象的操作方法同上，如图5-15和图5-16所示为从重叠的两张图到执行【相交】命令后的结果。

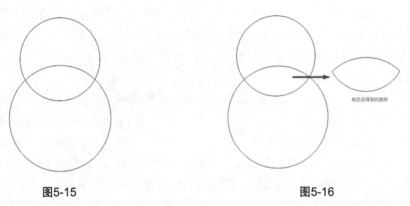

图5-15   图5-16

4. 锁定对象

在进行多个对象操作时需要对不同的对象进行不同的操作：有的对象需要进行排列、组合或者进行其他的编辑修改，但有的对象已经完成了修改，不需要再对它进行改动了。这些不需要改动的对象一旦被改动，会给工作带来许多麻烦。

为此CorelDRAW X8中提供了锁定对象的功能，允许利用锁定对象的特性来固定对象。并且可以根据需要来选择锁定单个对象或者锁定多个对象，甚至于群组后的对象也能够被锁定，这样可以防止在操作过程中该对象被意外地修改。当用户进行完其他对象的编辑和修改后，可以用"解除锁定"命令来使这些对象从锁定状态下解脱出来，从而能够重新使用该对象并进行更改。

在使用【锁定对象】命令时应注意的问题：

（1）【锁定对象】命令能够把选定的对象固定到一个特定的位置上，从而保护对象的属性不被更改。当对象被锁定到画面以后，就无法对其进行移动、大小调整、变换、复制、填充和修改等操作。

（2）【锁定对象】命令对处于工作状态的对象不能使用，如嵌合于某个路径的文本和对象、含立体模型的对象、含轮廓线效果的对象以及含阴影效果的对象等。当对象处于以上几种状态时，即使选中了对象，【锁定对象】命令将仍以灰色显示，表明该命令在当前状态下不能够被执行。当对象被锁定时，属性栏上将显示相应的信息；此外，状态栏和对象管理器中也将同时标出锁定的对象信息。

要锁定对象，首先激活【选择工具】，单击对象，然后执行【对象】→【锁定】→【锁定对象】命令即可。如果想要解除锁定的对象，则执行【解锁对象】命令，就可以将该对象从【锁定】状态下解脱出来。如果当前画面上同时有多个处于锁定状态的对象，则执行【对所有对象解锁】命令，可以同时对所有锁定状态的对象解锁。

对象被锁定后，选择柄将显示为小锁的形状，同时选择多个锁定的对象，是解除锁定对象以便进行修改的最快捷途径。使用【选择工具】单击对象并按下Alt键，可以选择隐藏在其他对象下面的锁定对象；单击的同时按下Shift键可以选择附加的对象。在CorelDRAW X8中，不能同时选择未锁定的对象和锁定的对象。

5. 安排对象的次序

在CorelDRAW X8中，当使用基本绘图工具绘制图形对象时，得到的图形是按不同的图层放置的。在不同图层放置的对象在显示诸如填充颜色、对象轮廓等属性时会各有不同。在一个当前页上绘制了许多图形，如果这些对象相互独立，没有重叠的区域，排列的前后顺序不同，效果就不会有大的差别；如果出于设计的需要而将它们相互重叠地排列在一起时，如何安排这些对象的相对位置就显得十分重要；因为同样的几个图形，排列的前后顺序不同，可能产生的视觉效果也不同。

一般情况下，图形对象排列顺序是由绘制顺序决定的。绘制第一个对象时，会自动将它放置在最后面的位置，即第一层；绘制的最后一个对象将被放在最前面的位置，即最后一层（层的顺序类似Photoshop中层的概念）。如图5-17所示，同样两个图形对象，当排列顺序不同时，在视觉上有明显差异。

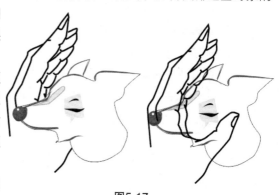

图5-17

在CorelDRAW X8中，如图5-18所示在菜单【对象】→【顺序】中的相关命令能够帮助用户改变图层内对象的顺序。

> **到页面/图层前面：** 将选定对象移动到该页面或图层的最前面位置，其他图形依次后移一层。当选定的对象已经位于最顶层时，该命令不会对图形产生任何影响。快捷键为Corel+Home/Shift+PageUp。

顺序(O) ▶	到页面前面(F)	Ctrl+主页
对象样式(S) ▶	到页面背面(B)	Ctrl+End
颜色样式(R) ▶	到图层前面(L)	Shift+PgUp
因特网链接(N) ▶	到图层后面(A)	Shift+PgDn
叠印填充(F)	向前一层(O)	Ctrl+PgUp
叠印轮廓(O)	向后一层(N)	Ctrl+PgDn
对象提示(H)	置于此对象前(I)...	
对象属性(I) Alt+Enter	置于此对象后(E)...	
符号(Y) ▶	逆序(R)	

图5-18

▶ **到页面/图层后面**：将选定对象移动到该页面或图层的最后面，其他图形依次前移一层。当选定的对象已经位于最底层时，该命令不会对图形产生任何影响。快捷键为Corel+End/Shift+PageDown。

▶ **向前一层**：将选定对象向前移动一层，和原来位于它前面的对象进行相互换位。如果该对象已经排在最顶层的位置，将不再移动。快捷键为Ctrl+PageUp。

▶ **向后一层**：将选定对象向后移动一层，和原来位于它后面的对象进行相互换位。如果该对象已经处于最底层的位置，将不再移动。快捷键为Ctrl+PageDown。

▶ **置于此对象前/置于此对象后**：在同一图层中有许多对象时，这两个命令可以方便地将选定的对象准确地放置到想要放置的位置。如果有多个重叠的对象，可以使用【在后面】命令把最顶层的对象放到某个对象的后面。要恢复原来的顺序，应当使用【在前面】命令把该对象放回顶部。

▶ **逆序**：适用于多个对象的排序操作。可以选择多个对象并使用【逆序】命令来反转它们的相对垂直位置。如果有8个重叠的对象，想要逆序排列第5、6、7个对象，就可以选择这3个对象，并使用【反转顺序】命令，使这3个对象按照7、6、5、的顺序排列。

6. 对象的分布与对齐

当工作页面中有很多参差不齐的对象时，画面会显得杂乱无章，可以使用【对齐和分布】命令来指定是否要按边界或中心点来水平或垂直（或同时）地排列对象。

（1）对齐对象

在CorelDRAW X8中，执行【对齐】命令可以方便地对齐对象，尤其是用户将【对齐】命令与网格、辅助线协同使用时，更能体现出该命令的优越性：对象以相当精确的对齐方式被【定位】到网格、辅助线和其他对象上。要按指定的位置对齐对象，在选定了多个对象后，执行【对齐】→【对齐和分布】命令，如图5-19所示，包含许多命令。

（2）对齐和分布

如果选择【对齐和分布】命令，则弹出如图5-20所示面板。根据选择的对象要求采用不同的

【对齐】、【分布】选项。在CorelDRAW X8中该对话框改进很大，更加直观方便。

图5-19

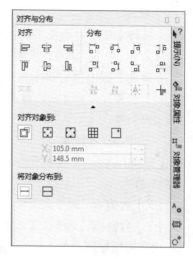

图5-20

5.2.2　变换对象

在CorelDRAW X8中，一些基本操作如位移、缩放、旋转、镜像等统称为【变换】操作。用户可以通过【对象】菜单中的【变换】命令来进行，也可以通过相应的属性栏来进行，还可以直接使用鼠标来进行变换操作。此外，【变换】调板中提供了许多精确变换的选项，而工具箱中的【自由变换】工具则提供了一些特殊的变换方法。

1．【变换】调板概述

CorelDRAW X8还提供了进行对象变换的另一种操作方法——使用【变换】面板。它位于菜单【对象】→【变换】中。利用该面板及其组件，用户可以在带有屏幕预览的情况下进行对象的精确变换。如图5-21所示，从左到右依次为【位置】、【旋转】、【比例缩放和镜像】、【大小】、【倾斜】面板。

图5-21

（1）位置

【X】数值框：用于精确控制当前选定对象的横坐标的位置。其取值范围在45720mm～ -45720mm。该距离的测量同样是以CorelDRAW X8的绘图页的中心点位置为基准的。

【Y】数值框：用于精确控制当前选定对象的纵坐标的位置，取值范围也在45720mm～ -45720mm。其度量方法与H数字框相同。

【相对位置】复选框：默认时启用该复选框，所有的位置选项都以绘图页的中心点位置为基准。

▶ 【应用】按钮：单击该按钮，将把在【位置】中所做的设置应用于选定的对象上。

（2）旋转

▶ 【旋转】命令：主要用来精确控制旋转选项，如图5-22所示。当在【变换】面板中单击【旋转】按钮，在面板中提供了精确控制对象旋转的选项，除【角度】项外其他各项类同。

▶ 【角度】数值框：用于控制当前选定对象的旋转角度。取值范围在360～-360。取负值时，将沿顺时针方向以指定的角度值旋转对象；取正值时，沿逆时针方向以指定角度值旋转对象。

（3）比例缩放和镜像

在【变换】调板中，【比例缩放和镜像】主要用于精确控制对当前选定对象的缩放和镜像操作，如图5-23所示。可以从以下几个方面来实现精确按钮缩放和镜像操作。

▶ 【X】数值框：用于设置沿水平方向缩放的比例。

▶ 【Y】数值框：用于设置沿垂直方向缩放的比例。

▶ 水平镜像按钮：单击该按钮可以沿垂直方向的轴线来翻转对象。

▶ 垂直镜像按钮：单击该按钮可以沿水平方向的轴线来翻转对象。

图5-22　　　　　　　　　　　　　图5-23

（4）大小

在【变换】调板中，【大小】命令主要用于控制当前选定的对象的大小，如图5-24所示。它包括以下两个选项：

▶ 【X】数值框：用于设置当前选定对象的宽度。

▶ 【Y】数值框：用于设置当前选定对象的高度。

（5）倾斜

在【变换】调板中，【变换】命令主要用于控制当前选定的对象的倾斜角度，如图5-25所示。它包括以下两个选项：

▶ 【X】数值框：用于控制水平倾斜的角度。

▶ 【Y】数值框：用于控制垂直倾斜的角度。

图5-24

图5-25

2. 清除变换

　　有些时候在执行了变换命令之后对该命令产生的图形效果并不满意，那么可以运用【清除变换】命令使该操作恢复到没有执行【变换】命令以前的状态。如果对该对象执行某个变换命令后产生的效果并不是很有把握，CorelDRAW X8还提供了一种既能够查看变换的效果，又能够保留完整原件的方法。

　　【清除变换】命令适用于用户使用不同方法进行【变换】命令，包括鼠标、属性栏、【变换】工具栏或【变换】面板等进行的变换。它的局限性在于CorelDRAW X8虽然能够撤销对对象所做的大部分变换指令，如镜像、倾斜、旋转等，但不能撤销对对象位置的改变。要撤销变换操作的效果，可以在对选定的对象应用了变换操作以后，选择【编辑】菜单中的【恢复】命令，或者执行【排列】菜单下的【清除变换】命令，或者利用标准工具栏中的【恢复】按钮来实现撤销变换操作。

5.3　海报创意设计案例解析

5.3.1　品牌比萨创意海报设计

　　本案例讲解比萨海报设计。创作中以比萨饼圆形结构为主视觉图像，将镂空图形与之相结合，注重文字与素材图像的协调性、色彩的和谐性，主题突出折扣信息，采用橘色烘托海报整体气氛并强调食品颜色，效果如图5-26所示。

图5-26

设计过程

（1）激活工具箱中的【矩形工具】□，绘制一个【宽度】为210mm，【高度】为300mm的矩形，效果如图5-27所示。

（2）执行菜单栏中的【文件】→【导入】命令，选择"第5章→素材→比萨.jpg"文件，单击【导入】按钮，导入素材，效果如图5-28所示。

（3）选中图像并调整图像与矩形框之间的大小及位置关系，然后执行菜单栏中的【对象】→【图框精确剪裁】→【置于图文框内部】命令，将图形置于其中，效果如图5-29所示。

第5章　素材

| 图5-27 | 图5-28 | 图5-29 |

（4）激活工具箱中的【钢笔工具】，在图像下方绘制一个不规则图形，设置其【填充】为黄色（R：245，G：245，B：139），【轮廓】为无，效果如图5-30所示。

（5）选中图形，按Ctrl+C、Ctrl+V快捷键复制该图形并填充为橙色（R：237，G：130，B：7），效果如图5-31所示。

（6）激活工具箱中的【形状工具】，拖动橙色图形顶部节点，将曲线稍作变形，效果如图5-32所示。

| 图5-30 | 图5-31 | 图5-32 |

（7）以同样的方法将图形再次复制两份并适当变形，并更改颜色，效果如图5-33所示。

（8）激活工具箱中的【矩形工具】□，在底部位置绘制一个矩形，设置其【填充】为橙色（R：237，G：134，B：35），【轮廓】为无，效果如图5-34所示。

（9）激活工具箱中的【形状工具】，拖动矩形右上角节点，将其调整为圆角矩形，效果如图5-35所示。

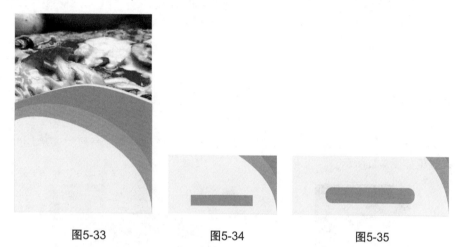

图5-33　　　　　　图5-34　　　　　　图5-35

（10）激活工具箱中的【矩形工具】□，在海报底部位置绘制一个矩形，填充同样颜色；再在海报左下角位置绘制一个矩形框，设置其【填充】为无，【轮廓】为极细，效果如图5-36所示。

（11）激活工具箱中的【椭圆形工具】○，单击属性栏中的"饼形"选项，在海报左下角绘制饼图，然后激活【形状工具】适当调整其大小，设置其填充为橙色（R：237，G：143，B：35），【轮廓】宽度为2mm，颜色设置为黄色（R：245，G：245，B：139），效果如图5-37所示。

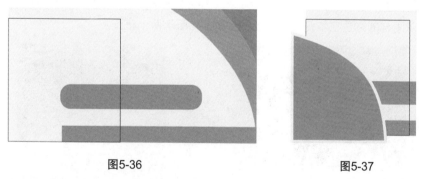

图5-36　　　　　　　　　　　图5-37

（12）选中"饼形"图形，执行菜单栏中的【对象】→【图框精确裁剪】→【置于图文框内部】命令，将"饼形"图形置于矩形框中，效果如图5-38所示。选中矩形框图形，将轮廓更改为无，局部效果如图5-39所示。

图5-38

图5-39

（13）激活工具箱中的【椭圆形工具】，在如图5-40所示海报左侧位置按住Ctrl键绘制一个正圆，设置其【填充】为无，【轮廓】宽度为1.5mm，颜色设置为黄色（R：245，G：245，B：139）。

（14）执行菜单栏中的【文件】→【导入】命令，选择"第5章→素材→比萨1.jpg"文件，导入素材，效果如图5-41所示。

图5-40

图5-41

（15）选中图像并调整图像与圆形之间的位置关系及大小，然后执行菜单栏中的【对象】→【图框精确裁剪】→【置于图文框内部】命令，将图形置于其中，效果如图5-42所示。

（16）以同样的方法在右侧位置再绘制如图5-43所示两个正圆。

图5-42

图5-43

（17）分别导入图5-44所示【比萨2.jpg】、【比萨3.jpg】文件，并依次置入相应的圆形中，效果如图5-45所示。

图5-44

图5-45

（18）同样方法导入素材【LOGO】文件，调整位置与大小。激活工具箱中的【文本工具】字，在适当位置输入文字（其他字设为Calibri常规，50%OFFCalibri粗体），将其颜色设置为橘色（R：237，G：143，B：35），效果如图5-46所示。

图5-46

5.3.2　探索梦想海报设计

本例讲解探索梦想海报设计，海报整体以文字作为视觉主体，注重字体、字号的运用；将海鸥等图形透明化处理，烘托海报整体视觉氛围；强调图、文信息相结合，文字以居中对齐的表现形式，效果如图5-47所示。

图5-47

设计过程

（1）激活工具箱中的【矩形工具】□，绘制一个矩形，设置其【填充】为淡蓝色（R：80，G：235，B：139），【轮廓】为无，效果如图5-48所示。

（2）激活工具箱中的【多边形工具】○，在属性栏中将其【点数或边数】设置为3，绘制一个白色的三角形并适当调整角度，设置其【填充】为白色，【轮廓】为无，效果如图5-49所示。

图5-48   图5-49

（3）选中该三角形，激活工具箱中的【透明度工具】◳按钮，在属性栏中将【合并模式】改为柔光，并将【透明度】更改为50，局部效果如图5-50所示。

▶ TIP：【透明度工具】中不透明度的值并非固定值，可根据实际显示效果适当调整。

（4）将三角形复制一份，调整大小、位置及角度，局部效果如图5-51所示。

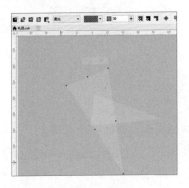

图5-50   图5-51

（5）分别选中两个三角形，执行菜单栏中的【对象】→【图框精确裁剪】→【置于图文框内部】命令，将图形置于矩形之中，使其成为底图一部分（减少图层方法之一），效果如图5-52所示。

（6）激活工具箱中的【椭圆形工具】◯，在如图5-53所示海报左下角位置按住Ctrl键绘制一个正圆，设置其【填充】为白色，【轮廓】为无。

图5-52   图5-53

（7）选中图形，激活工具箱中的【透明度工具】◳，在属性栏中将【合并模式】改为柔光，并将【透明度】更改为50，局部效果如图5-54所示。

（8）将正圆图形复制多份，调整大小以及位置，局部效果如图5-55所示。

图5-54　　　　　　　　　　图5-55

（9）选中所有正圆图形，执行菜单栏中的【对象】→【图框精确裁剪】→【置于图文框内部】命令，将其置于矩形中，效果如图5-56所示。

（10）执行菜单栏中的【文件】→【导入】命令，选择"第5章→素材→白鸽.cdr"文件，单击【导入】按钮，导入素材，将其做适当调整，效果如图5-57所示。

图5-56　　　　　　　　　　图5-57

（11）选中图形，激活工具箱中的【透明度工具】，在属性栏中将【合并模式】改为柔光，并将【透明度】更改为50，局部效果如图5-58所示。

（12）选中鸽子图像，将其复制多份并适当改变大小与位置，效果如图5-59所示。

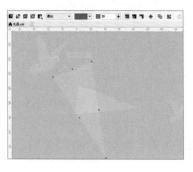

图5-58　　　　　　　　　　图5-59

（13）激活工具箱中的【椭圆形工具】，在如图5-60所示海报靠左侧位置按住Ctrl键绘制一个正圆，设置其【填充】为淡粉色（R：224，G：166，B：171），【轮廓】为无。

（14）激活工具箱中的【矩形工具】，在正圆左下角绘制一个矩形并适当旋转，设置其【填充】为淡粉色（R：224，G：166，B：171），【轮廓】为无，效果如图5-61所示。

（15）同时选中矩形以及正圆，单击属性栏中的【合并】按钮，将图形合并；激活工具箱中的【阴影工具】，拖动鼠标添加阴影，在属性栏中将【阴影羽化】更改为1，【不透明度】更改为30，效果如图5-62所示。

图5-60

图5-61

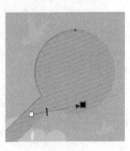
图5-62

（16）选中图形，执行菜单栏中的【对象】→【图框精确裁剪】→【置于图文框内部】命令，将图形置于矩形中，删除多余部分，效果如图5-63所示。

（17）激活工具箱中的【钢笔工具】，如图5-64所示位置绘制一个翅膀图形，设置其【填充】为淡粉色（R：224，G：166，B：171），【轮廓】为无。

（18）选中翅膀图形，并复制一份，单击属性栏中的【水平镜像】按钮，调整位置后选中一对翅膀，执行菜单栏中的【对象】→【图框精确裁剪】→【置于图文框内部】命令，将图形置于矩形中，效果如图5-65所示。

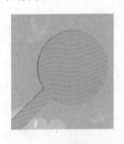
图5-63

图5-64

图5-65

（19）激活工具箱中的【文本工具】，在适当位置输入文字，字体为"汉仪尚巍手书W"，字号为72pt，将其颜色设置为砖红色（R：143，G：57，B：56），效果如图5-66所示。

（20）激活工具箱中的【星形工具】，在文字左下角按住Ctrl键绘制一个星形，将其颜色设置为砖红色（R：143，G：57，B：56），【轮廓】为无，向右侧移动并复制，效果如图5-67所示。

（21）同时选中文字以及两个星形，按Ctrl+G快捷键将其群组，再激活工具箱中的【封套工具】将其斜切变形，效果如图5-68所示。

（22）激活工具箱中的【文本工具】，在文字下方位置输入文字，设置字体为"方正胖娃_GBK"，将其颜色设置为淡蓝色（R：94，G：161，B：174），【轮廓】设置为1mm，效果如图5-69所示。

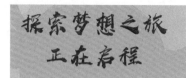

图5-66　　　　　　　　　　　　图5-67

图5-68

图5-69

（23）以同样的方法将所有文字群组，激活工具箱中的【阴影工具】 ，拖动添加阴影，在属性栏中将【阴影羽化】更改为1，【不透明度】更改为30，效果如图5-70所示。

（24）激活工具箱中的【文本工具】字，在文字下方位置输入文字，字体为"方正兰亭中粗黑_GBK"，【轮廓】设置为无，效果如图5-71所示。

图5-70

图5-71

（25）激活工具箱中的【2点线工具】 ，绘制一条线段，设置其【轮廓】为红色（R：143，G：57，B：56），【轮廓宽度】为0.5mm，【样式】为虚线样式，效果如图5-72所示。

（26）选中虚线线段并向下移动复制，效果如图5-73所示。

图5-72　　　　　　　　　　　　图5-73

第6章

创意版式设计

版式设计是指在有限的版面空间里，将版面构成要素——文字、图片（图形）及色彩等视觉传达信息要素，根据特定内容的需要进行有组织、有目的的组合排列，并运用造型要素及形式原理，把构思与计划以视觉形式表达出来，也就是寻求艺术手段来正确地表现版面信息，是一种直觉性、创造性的活动，是制造和建立有序版面的理想方式，如图6-1和图6-2所示。

版式设计是平面设计中最具代表性的一大分支，它不仅在二维的平面上发挥其功用，而且在三维的立体空间中也能感觉到它的效果，如包装设计中的各个特定的平面，展示空间的各种识别标识之组合，以及都市商业区中悬挂的标语、霓虹灯，等等。

版式设计是平面设计中重要的组成部分，也是一切视觉传达艺术施展的大舞台。版式设计是伴随着现代科学技术和经济的飞速发展而兴起的，体现着文化传统、审美观念和时代精神风貌等方面，被广泛地应用于报纸广告、招贴、书刊、包装装潢、直邮广告（DM）、企业形象（CI）和网页等所有平面、影像的领域，为人们营造新的思想和文化观念提供了广阔天地。版式设计艺术已成为人们理解时代和认同社会的重要界面。

图6-1

图6-2

6.1　版式设计形式

美的形式原理是规范形式美感的基本法则，它是通过重复与交错、节奏与韵律、对称与均衡、对比与调和、比例与适度、变异与秩序、虚实与留白、变化与统一等形式美构成法则来规划版面，把抽象美的观点及内涵诉诸读者，并从中获得美的教育和感受，它们之间是相辅相成、互为因果的，既对立又统一地共存于一个版面之中。

1. 重复与交错

在排版设计中，不断重复使用的基本形或线，它们的形状、大小、方向都是相同的。重复使设计产生安定、整齐、规律的统一。但重复构成的视觉感受有时容易显得呆板、平淡，缺乏趣味性的变化，因此，在版面设计中可安排一些交错与重叠，打破版面呆板、平淡的格局，如图6-3所示。

2. 节奏与韵律

节奏与韵律来自于音乐概念，正如歌德所言："美丽属于韵律"。韵律被现代排版设计所吸收。节奏是按照一定的条理、秩序、重复连续地排列，形成一种律动形式。它有等距离的连续，也有渐变、大小、长短、明暗、形状、高低等的排列构成。在节奏中注入美的因素和情感个性化，就有了韵律。韵律就好比是音乐中的旋律，不但有节奏更有情调，它能增强版面的感染力，开阔艺术的表现力，如图6-4所示。

图6-3 图6-4

3. 对称与均衡

两个同一形状的并列与均齐，实际上就是最简单的对称形式。对称是同等同量的平衡。对称的形式有以中轴线为轴心的左右对称；以水平线为基准的上下对称和以对称点为源的放射对称；还有以对称面出发的反转形式。其特点是稳定、庄严、整齐、秩序、安宁、沉静。均衡是一种自由稳定的结构形式，一个画面的均衡是指画面的上与下、左与右取得面积、色彩、重量等量上的大体平衡。在画面上，对称与均衡产生的视觉效果是不同的，前者端庄静穆，有统一感、格律感，但如过分均等就易显呆板；后者生动活泼，有运动感，但有时因变化过强而易失衡。因此，在设计中要注意把对称、均衡两种形式有机地结合起来灵活运用，如图6-5和图6-6所示。

图6-5 图6-6

4. 对比与调和

对比是差异性的强调。对比的因素存在于相同或相异的性质之间，即把相对的两要素互相比较之下，产生大小、明暗、黑白、强弱、粗细、疏密、高低、远近、硬软、直曲、浓淡、动静、锐钝、轻重的对比，对比的最基本要素是显示主从关系和统一变化的效果。

调和是指适合、舒适、安定、统一，是近似性的强调，使两者或两者以上的要素相互具有共性。对比与调和是相辅相成的。在版面构成中，一般事例版面宜调和，局部版面宜对比，如图6-7所示。

5. 比例与适度

比例是形的整体与部分以及部分与部分之间数量的一种比率。比例又是一种用几何语言和等比词汇表现现代生活和现代科学技术的抽象艺术形式。成功的排版设计，首先取决于良好的比例：等差数列、等比数列、黄金比等。黄金比能求得最大限度的和谐，使版面被分割的不同部分产生相互联系。

适度是版面的整体和局部与人的生理或习性的某些特定标准之间的大小关系，也就是排版要从视觉上适合读者的视觉心理。比例与适度，通常具有秩序、明朗的特性，给予人一种清新、自然的新感觉，如图6-8所示。

图6-7

图6-8

6. 变异与秩序

变异是规律的突破，是一种在整体效果中的局部突变。这一突变之异，往往就是整个版面最具动感、最引人关注的焦点，也是其含义延伸或转折的始端，变异的形式有规律的转移、有规律的变异，可依据大小、方向、形状的不同来构成特异效果。

秩序美是排版设计的灵魂：它是一种组织美的编排，能体现版面的科学性和条理性。由于版面是由文字、图形、线条等组成，尤其要求版面具有清晰明了的视觉秩序美。构成秩序美的原理有对称、均衡、比例、韵律、多样统一等。在秩序美中溶入变异之构成，可使版面获得一种活动的效果，如图6-9所示。

7. 虚实与留白

中国传统美学上有"计白守黑"这一说法。就是指编排的内容是"黑"，也就是实体，斤斤计较的却是虚实的"白"，也可为细弱的文字、图形或色彩，这要根据内容而定。

留白则是版中未放置任何图文的空间，它是"虚"的特殊表现手法。其形式、大小、比例、决定着版面的质量。留白的感觉是一种轻松，最大的作用是引人注意。在排版设计中，巧妙地留白，讲究空白之美，是为了更好地衬托主题，集中视线和造成版面的空间层次，如图6-10所示。

图6-9　　　　　　　　　　　　　　　　　　　　　图6-10

8. 变化与统一

变化与统一是形式美的总法则，是对立统一规律在版面构成上的应用。两者完美结合，是版面构成最根本的要求，也是艺术表现力的因素之一。变化是一种智慧、想象的表现，是强调种种因素中的差异性方面，造成视觉上的跳跃。

统一是强调物质和形式中种种因素的一致性方面，最能使版面达到统一的方法是保持版面的构成要素要少一些，而组合的形式却要丰富些。统一的手法可借助均衡、调和、秩序等形式法则，如图6-11所示。

图6-11

6.2　文本编辑

CorelDRAW X8虽然是一个矢量图形的软件，但其处理文本的能力也非常强大，特别是对于没有专业设备（Apple机）进行文本处理（印刷、制版）的用户，CorelDRAW X8将是非常优秀的软件。用户可以在CorelDRAW X8中添加文本和符号、格式化文本、编辑文本、应用"文本"工具、创建文本，生成具有一定排版效果的文字。

6.2.1　添加文本

在CorelDRAW X8中，创建的文本被分为两种："美术字（艺术字）"和"段落"文本。这两种文本各有自己的应用特点。"段落"文本是一段区域内，可进行大量格式编排的大型文本。若打算在文档中添加文字比较多的文本，如报纸、广告、图文混排等，可使用段落文本；"美术字"文本可以使得文档更具有生动性和创造性。如果只打算在文档中增加几行文字或短语，如标题、设计说明等，则可以使用美术字文本。相对而言，美术字文本可以添加更多的效果，因为美术字文本可以像所有的图形对象一样应用特殊效果。

1．使用文本工具添加段落文本

段落文本比较简单，它具有人们所熟悉的文字处理软件中普通段落的各种特征。特别是使用过Word等文字处理软件的用户，用文本工具操作段落文本会更加得心应手。

使用【文本工具】字添加段落文本的方法如下。

（1）激活工具箱中的【文本工具】字，这时鼠标指针变成十字下面有一个"A"字的形状。

（2）移动鼠标指针到画面恰当的位置上单击鼠标左键并拖动鼠标，随着鼠标的拖动，会出现一个虚框，通常叫作段落文本框。此时光标会位于文本框的左上角，这是CorelDRAW X8默认的情况，如图6-12所示。

（3）CorelDRAW X8在中文Windows系统下支持中文输入。可以启动自己熟练的输入法，在段落文本框中输入文字。当输入的文字超过文本框的宽度时，文本会自动转换到下一行。

（4）当输入的文本数量超过文本框时，在文本框的下方显示了一个放置过多文本的溢出符号，该符号表明文本框中还有没有显示完的文字，用户只需用鼠标按住溢出符号拖动至文本框底端的符号变为即可，如图6-13所示效果。

图6-12　　　　　　　　　　　　　　　　　　图6-13

2．使用文本工具添加美术字文本

在CorelDRAW X8中，美术字文本虽然称为文本，但可以把它当作图形对象来处理。可以对美术字文本应用几乎全部的图形效果，如调和、立体化等，使之更加美观。添加美术字文本的操作比较简单，在工具箱中选择【文本工具】字，然后移动鼠标，在画面的合适位置上单击，这时出现插入点光标，选择一种输入法输入文本即可，如图6-14所示。

图6-14

3．利用剪贴板添加文字

使用【文本工具】字可以直接添加文本，也可以通过剪贴板把外部的文本添加进来。例如，用户已经在其他的字处理软件中录入一段文字，可以通过剪贴板的复制和粘贴功能，将该文本添加到CorelDRAW X8的文档中，其操作步骤如下：

（1）启动字处理软件，打开需要添加文本的文件。

（2）选择要添加到CorelDRAW X8中的文本，然后单击【复制】或【剪切】快捷按钮，将文本复制或粘贴到剪贴板上。

（3）返回CorelDRAW X8工作窗口，激活工具箱中的【文本工具】字按钮。

（4）移动鼠标指到画面中，单击鼠标左键出现插入符后，单击粘贴快捷按钮，以添加美术字文本；拖动一个段落文本框后单击粘贴快捷按钮，以添加段落文本，从而将剪贴板上的文本添加到CorelDRAW X8的文档中来。

6.2.2　选择文本的方式

对文本进行格式化之前，首先要选择该文本，然后根据不同的需要而选用不同的工具。使用【文本工具】字可以选择单个字符或多个字符，也可以选择整个文本对象；使用【选择工具】一般情况下用于选择整个文本或多个对象；使用【形状工具】的特长是选择单个字符。

1．选择全部文本对象

利用【文本工具】字选择特定的文本（非全部文本）时，可以先激活工具箱中的【文本工具】字，在美术字文本或段落文本框中，单击一个字或句子的起始或结尾处，在要选择的文本上拖动鼠标指针，这时被选择的文本会反相显示。也可以使用【文本工具】字选择整个文本，其方法是用【文本工具】字单击文本对象后，再单击文本对象中心的X标记。

2. 灵活的选择工具

选择整个文本是【选择工具】的特长。激活【选择工具】，单击美术字文本中的任意字符即可选择整个美术字文本。利用【选择工具】选择段落文本时，单击段落文本框内任意位置或文本框本身即可选择文本框及其内容。利用【选择工具】还可以同时选择多个文本对象，只需按住Shift键，依次单击每个对象即可，利用【选择工具】拖出矩形虚线框，框住多个文本框也能同时选择多个文本对象。

3. 选择文本中的单个字符

CorelDRAW X8在文本处理方面最有特色的一点是可以对单个字符进行操作（例如移动位置、调节字距、行距等）。可以将需要运用特殊效果的某个或某几个字选中，然后对这些选中的字符进行编辑，且不影响其他编辑。

使用【形状工具】可以非常方便地选择文本中的单个字符。在使用【形状工具】选择文本时，每个字符的旁边都出现字符节点（空心小矩形）。单击字符左边的节点就可以选择该字符（空心小矩形变成实心）。同样，使用【形状工具】也可以选择多个字符，方法也是按住Shift键，然后单击要选择的每个字符的节点或圈选字符节点，如图6-15所示。对于已输入的文本，可以修改其现有的文本格式，如图6-16所示，调整左右下角的按钮（与），可以改变行距和字句，达到格式化文本的目的。

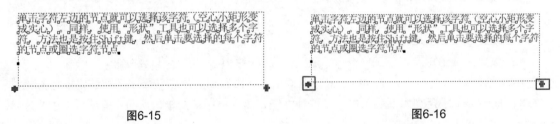

图6-15   图6-16

6.2.3 格式化文本

在CorelDRAW X8中，无论是美术字文本还是段落文本，都可以使用一些最基本的格式编排选项来指定字体、字号、粗细、间距及其他字符属性。对于段落文本，还可以应用项目符号、缩进、首字下沉、断字设置等格式。在CorelDRAW X8中，对文本应用基本格式的方法很多，可以在下列几种方法中选择：

（1）在文本输入前，修改文本属性栏的默认设置，提前指定文本编排格式。

（2）对于已输入的文本，可以修改其现有的文本格式，以达到格式化文本的目的。

（3）对于一些大型的文本，可以使用文本样式或模板。这样做的好处是快速并能保持文本风格的一致性。

可以通过【文本】属性栏、【文本属性】对话框和【文本工具栏】等途径来实现上述的文本格式化操作。

执行【文本】→【文本属性】命令，或者使用快捷键Ctrl+T，可以打开【文本属性】对话框来格式化美术字文本。

1. 设置文本的字体

一般情况下，在Windows环境下的字体都可以在CorelDRAW X8中使用。执行【文本】→【文本属性】命令，如图6-17所示，在此可以指定下列字符属性：字体类型、粗细、大小、填充色彩以及轮廓线粗细、色彩、设置文本排列方式等，如图6-18所示。

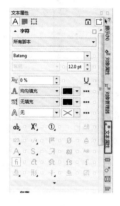

图6-17

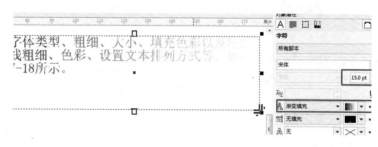

图6-18

2. 设置文本的对齐方式

（1）对美术字文本的设置

激活【选择工具】 ，单击某一美术字后，在其属性栏中打开【对齐】选项。可以在其中对选中的文本设置不同的对齐方式，以适应不同的版面需求。

对于美术字文本，只可以在其中设置以下几种对齐方式。

- **无**：指定无对齐方式。
- **左**：设置为左对齐方式。
- **居中**：设置为中间对齐方式。
- **右**：设置为右对齐方式。
- **全部调整**：设置为除最后一行外，其他行均左右对齐方式。
- **强制调整**：设置所有行均左右对齐方式。

（2）段落文本的设置

激活【选择工具】，单击某一个段落文本，在其属性栏中可以看到，除具有美术字文本中那样设置各种对齐方式外，增加了"项目符号列表"与"首字下沉"两项。

3. 设置文本的间距

（1）设置美术字文本的间距

在CorelDRAW X8中，可以根据需要用精确的数值来设定美术字文本中的字符大小、字距的间距。在【字符属性】对话框中，如图6-19所示的【字距调整范围】 $\overline{AV}$ 选项中设置大小。

（2）设置段落间距

选择段落文本后，打开【文本属性】对话框，如图6-20所示。对段落文本设置段与段之间的距离、行间距、字距及缩进等选项。

图6-19

图6-20

4. 设置排版规则

执行【文本】→【断行规则】命令，如图6-21所示，在【亚洲断行规则】对话框中，主要用来设置头尾回避字符。根据人们的习惯，处理文本时，在行首要避免出现一些字符，如逗号、感叹号、右括号等，在行尾要避免出现左括号、左引号等符号，这些规则可以在本选项卡中设置。

在其选项组中，共有3个选项，选中"前导字符"复选框时，可以在其后的文本框中输入在行首禁止使用的字符；选中"下随字符"复选框时，可以在其后的文本框中输入在行尾禁止使用的字符，选中"字符溢值"复选框时，可以在其后的文本框中输入在前置缩排时禁止使用的字符。

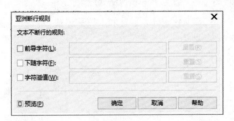

图6-21

5. 设置段落文本制表位

选择【文本】→【制表位】命令，在【制表位设置】对话框中，可以精确地为段落文本设置制表位，还可以添加、删除制表位，设置前导符的字符类型和间距等。

（1）添加制表位：单击【添加】按钮，列表底部将新增一行。

（2）删除制表位：在制表位列表中选择一个制表位，单击【移除】按钮，可以删除一个制位。若单击【全部移除】按钮，则全部删除制表位。

（3）设置制表位：可以在【对齐】列表中双击打开对齐方式列表框，从中选择一种对齐方式。

（4）设置前导符制表位：所谓前导符是指放置于文本对象之间的一行字符，可帮助读者跨过空白区域而不会错行。前导符常用于制表位的停止处，尤其是在右对齐的文本之前，如一本书的目录就经常用到此类制表位。

6.2.4　编辑文本

1.　"编辑文本"对话框

选择一个段落文本，然后执行【文字】→【编辑文本】命令，或单击属性栏上的【编辑文本】按钮，弹出如图6-22所示对话框。

利用"编辑文本"对话框可以对已经录入的美术字文本或段落文本进行编辑，如添加文本、删除部分文本、修改文本、导入文本、设置文本格式等。与【字符格式化】对话框相比，【编辑文本】对话框显得更加直观和简洁。与【字符格式化】对话框一样，当选择段落文本和美术字文本时，【编辑文本】对话框中的项目有些不同，主要是少了首字下沉和项目符号两个功能按钮。

该对话框中的各工具按钮的功能与其他文字处理软件的相关按钮大致相同，用户可以进行对比和参考使用。这里只简单介绍【导入】命令。

在图6-22中单击【导入】按钮，弹出如图6-23所示对话框，选择要导入的文档名称，即可进行重新输入文字。

图6-22

图6-23

2. 查找与替换

查找与替换是在编辑文本时最常用的两个基本操作。通过查找功能可以很容易找到文档的某些字符，使用替换功能可以方便快捷地修改文档中的一些字符而不必一个一个地修改。在CorelDRAW X8中使用菜单【编辑】→【查找与替换】→【查找文本】、【替换文本】和【查找对象】、【替换对象】命令，可以实现对象与文本的查找与替换。

（1）查找文本中指定字符

① 选择要进行【查找与替换】的指定文本（美术字文本或段落文本）。

② 执行【编辑】→【查找与替换】→【查找文本】命令。

③ 如图6-24所示，在该对话框的【查找】文本框中输入要查找的字符。

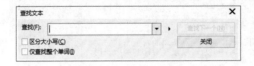

图6-24

④ 如果选中【区分大小写】复选框，则查找时区分大小写。

⑤ 单击【查找下一个】按钮，系统将找出文本中第一个包含指定字符的文本块。

⑥ 完成查找后，单击关闭按钮，返回窗口。

（2）替换文本中指定字符

① 选择要进行【查找与替换】的指定文本（美术字文本或段落文本）。

② 执行【编辑】→【查找与替换】→【替换文本】命令。

③ 如图6-25所示，在该对话框的【查找】文本框中输入要查找的内容。

图6-25

④ 在【替换为】文本框中输入要替换成的文本。

⑤ 单击窗口右边的【查找下一个】按钮，将替换下一个与【查找】文本框中相同的文本块；单击【全部替换】按钮，将替换所有与【查找】文本框中指定文本相同的文本。

⑥ 完成替换后，单击关闭按钮，返回CorelDRAW X8工作窗口。

6.2.5　字符的旋转和偏置

为求得版面的变化与丰富，还可以对字符进行适当的旋转和偏置，创建出倾斜、波纹等特殊的视觉效果。进行旋转或偏置的方法有多种，比较常用的是使用属性栏调整单个或多个美术字文本或段落文本对象的垂直和水平间距，也可以使用形状工具使字符垂直偏置。

使用属性栏旋转和偏置文本中指定字符的操作步骤如下：

（1）使用【形状工具】 选定文本中要进行偏置的字符。

（2）如果属性栏尚未打开，在标准工具栏上单击鼠标右键，从弹出的快捷菜单中选择【属性栏】命令，即可打开如图6-26所示的属性栏。

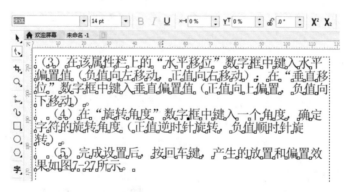

图6-26

（3）在该属性栏的【水平移位】数值框中输入水平偏置值（负值向左移动，正值向右移动）；在【垂直移位】数值框中输入垂直偏置值（正值向上偏置，负值向下移动）。

（4）在【旋转角度】数值框中输入一个角度，确定字符的旋转角度（正值逆时针旋转，负值顺时针旋转）。

（5）完成设置后，按Enter键，产生的放置和偏置效果如图6-27所示。

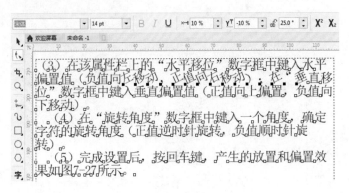

图6-27

6.2.6　创建文本分栏

分栏的概念是对段落文本而言的，段落文本不像美术字文本那样可以应用各种特殊的效果，但它可以应用各种文本文档独有的编排方式。给文本文档分栏是一种很有吸引力的编排方式，许多报纸、期刊等读物都大量使用了文本分栏的格式。CorelDRAW X8提供的分栏格式可分为等宽和不等宽两种，可以为选定的文本添加不同数目的栏，也可以设置栏间距。在添加、编辑或删除分栏时，可以保持段落文本框的宽度而重新调整栏宽，也可以保持栏宽而改变文本框的大小。

1.　为段落文本添加等宽的栏

在CorelDRAW X8中，段落文本可以像在其他字处理软件中一样实现分栏效果。使用分栏命令可以为段落文本创建不同数目、等宽或不等宽的栏。CorelDRAW X8还支持分栏的交互式操作，分栏完成后，还可以在绘图窗口中随时改变栏的宽度和栏间距。

为段落文本添加等宽的栏的操作步骤如下：

（1）激活【选择工具】 ，"选取文本"如图6-28所示。

（2）执行【文本】→【栏】命令，打开【栏设置】对话框，如图6-29所示。

（3）在该选项卡的【栏数】数值框中输入一个数字3，确定分栏数。

（4）选中【栏宽相等】复选框，将创建等宽的栏。

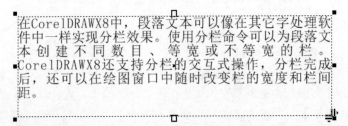

图6-28

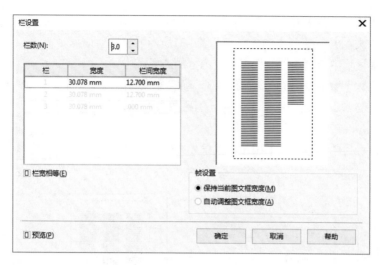

图6-29

（5）选中【保持当前图文框宽度】单选按钮，即使在增加或删除分栏的情况下，仍保持文本框的宽度不变。

（6）选中【自动调整图文框宽度】单选按钮，当增加或删除分栏时，文本框自动调整而栏宽保持不变。

（7）完成设置后单击【确定】按钮，返回工作窗口，效果如图6-30所示。

对于已经添加了等宽栏的文本，还可以进一步改变栏的宽度和栏间距。首先用【文字工具】选择文本，这时文本就会显示出分栏线，将光标移动到文本中间的分栏线上时，光标就变成一个双向箭头，单击鼠标向左拖动可以增大栏间距，向右拖动可以减小栏间距，如果选中【保持当前图文框宽度】单选按钮，系统将按比例同时改变栏宽和栏间距。在文本框的左右边框上拖动光标也可以调整栏宽和栏间距。

图6-30

2. 为段落文本添加不等宽的栏

如果在列选项卡中指定了栏的宽度和栏间距，可以创建不等宽的栏。在某些特殊的设计要求中，这个功能是十分有用的。

为选定文本添加不等宽的栏的操作步骤如下：

（1）激活【选择工具】，选中文本。

（2）执行【文本】→【栏】命令，打开图6-31所示"档"对话框。

（3）在该对话框中取消【栏宽相等】复选框的选择。

（4）在【栏数】数值框中输入一个数字3，确定分栏数。

（5）此时在选项区的数值框中出现要分的栏数参数值，分别单击各栏即可精确设置各栏的宽度和栏间距值。

（6）完成设置后单击【确定】按钮，效果如图6-32所示。

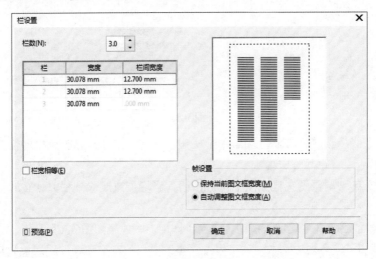

图6-31

在CorelDRAWX8中，段落文本可以像在其它字处理软件中一样实现分栏效果。使用分栏命令可以 为段落文本创建不同数目、等宽或不等宽的栏。CorelDRAWX8还支持分栏的交互式操作， 分栏完成后，还可以在绘图窗口中随时改变栏的宽度和栏间距。

图6-32

6.3　版式创意设计案例解析

6.3.1　CorelDRAW X8版式设计

本案例讲解如何制作"CorelDRAW X8版式设计"，该封面在设计过程中将文字与图案相结

合，阐述了图文混排及封套工具的使用技巧，注重色彩搭配均衡，效果如
图6-33所示。

设计过程 ●●●

（1）根据设计要求新建文件，执行菜单栏中的【文件】→【导入】
命令，选择"第6章→素材→罗马柱.jpg"文件，单击【导入】按钮，导入
素材，将图片调整大小后放置于如图6-34所示的版面左上角位置。

（2）激活工具箱中的【矩形工具】□，在版面右上角绘制一个矩
形，设置其【填充】为无，【轮廓】为极细，效果如图6-35所示。

（3）新建文件，激活工具箱中的【文本工具】字，在画面中输入英
文字，字体为Bodoni Bd BT，【轮廓】设置为无，效果如图6-36所示。

（4）选择该文字，按住Shift键鼠标向右平移一段距离后单击鼠标右键复制一组文字，效果
如图6-37所示。

图6-33

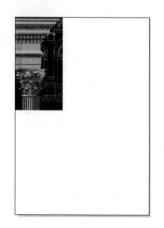

图6-34

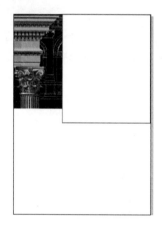

第6章　素材

图6-35

CorelDRAWX8

图6-36

CorelDRAWX8 CorelDRAWX8

图6-37

（5）按Ctrl+D快捷键再次复制一组等距离字体，效果如图6-38所示（此快捷键可用于复制任
何等距离的对象）。

（6）选取其中的两个文字将其复制到其正下方，调整文字与上排文字的行距，效果如图6-39
所示。

CorelDRAWX8 CorelDRAWX8 CorelDRAWX8

图6-38

**CorelDRAWX8 CorelDRAWX8 CorelDRAWX8
CorelDRAWX8 CorelDRAWX8**

图6-39

（7）将两排文字一同选取，按住Ctrl+C快捷键复制，拖动字体向下移动一段距离，并按Ctrl+V快捷键粘贴，如此重复两次，共复制四组，效果如6-40所示。

（8）激活工具箱中的【矩形工具】，在如图6-41所示的位置按住Ctrl键绘制一个矩形，设置其【填充】为黑色，【轮廓】设置为无，并将文字颜色更改为白色。

CorelDRAWX8 CorelDRAWX8 CorelDRAWX8
CorelDRAWX8 CorelDRAWX8
CorelDRAWX8 CorelDRAWX8 CorelDRAWX8
CorelDRAWX8 CorelDRAWX8
CorelDRAWX8 CorelDRAWX8 CorelDRAWX8
CorelDRAWX8 CorelDRAWX8
CorelDRAWX8 CorelDRAWX8 CorelDRAWX8
CorelDRAWX8 CorelDRAWX8

图6-40

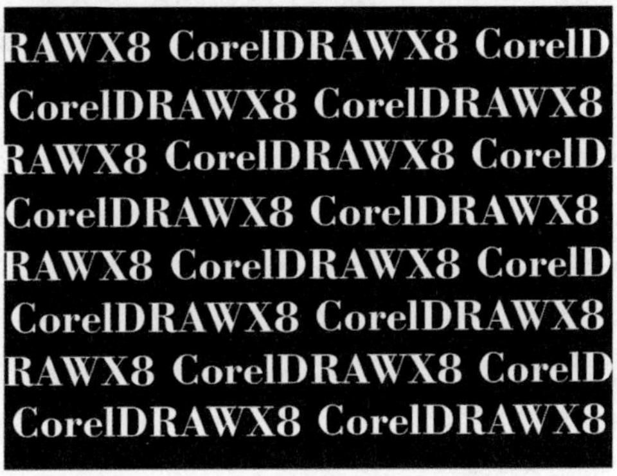

图6-41

（9）如图6-42所示，执行菜单栏中的【工具】→【创建】→【图样填充】命令，在弹出的【创建图案】对话框中，将其【类型】设置为【双色】，并将【分辨率】设置为【高】，效果如图6-43所示。

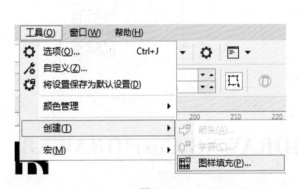

图6-42

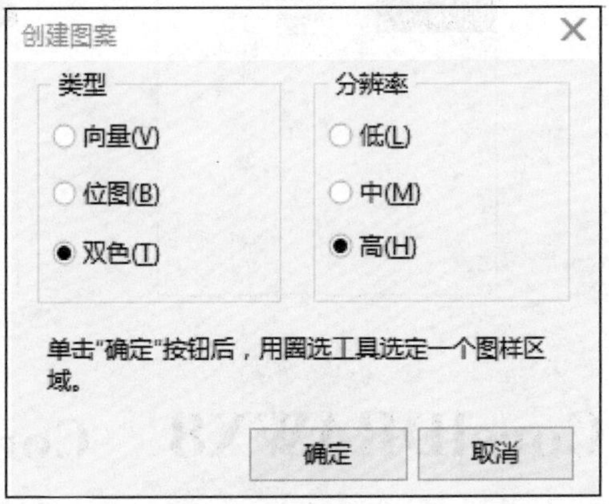

图6-43

（10）单击【确定】按钮，鼠标指针变为"十"字光标，以左上角为起点拖动置右下角（注意不要拖出正方形边框），完成图样创建效果如图6-44所示。

（11）切换至【版式设计】源文件，选择矩形图形。激活【双色图样填充工具】，如图6-45所示选择刚才创建的图样，在属性栏中设置前景色为深蓝色（R：5，G：1，B：0）；背景色设置为黑色，如图6-46所示。

（12）重新设置图样大小，效果如图6-47所示。

图6-44

图6-45

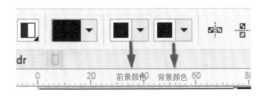

图6-46

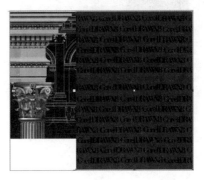

图6-47

（13）激活工具箱中的【透明度工具】，按住Ctrl键从中间偏上的位置向下拖曳出透明度效果，如图6-48所示。

（14）执行菜单栏中的【文件】→【导入】命令，选择"第6章→素材→眼睛.jpg"文件，单击【导入】按钮，导入素材，将图片调整大小后置入如图6-49所示的版面左上角位置。

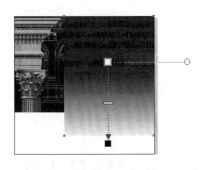

图6-48

图6-49

（15）激活工具箱中的【透明度工具】，按住Ctrl键从眼睛中间偏下的位置向上拖曳出透明度效果，如图6-50所示。

（16）激活工具箱中的【文本工具】字，在图像正中输入英文字体，字体为Bodoni Bd BT，颜色设置为黑色（R：55，G：56，B：47），并将"X8"颜色更改为绿色（R：9，G：219，B：47），效果如图6-51所示。

（17）选取文字，并复制该文字，拖动字体向左上角移动一段距离，将下层的字体全部更改为黑色，效果如6-52所示形成阴影效果。

（18）激活工具箱中的【轮廓笔工具】，设置如图6-53所示参数。

图6-50

图6-51

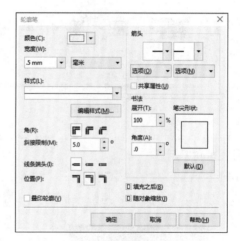

CorelDRAWX8

图6-52

图6-53

（19）单击【确定】按钮，如图6-54所示将文字群组。

（20）激活工具箱中的【矩形工具】▢，在文字下面绘制一个矩形，设置其【填充】为深绿色（R：17，G：110，B：66），【轮廓】为无。激活工具箱中的【文本工具】字，在矩形正中输入英文字体，字体为Arial，设置为白色，效果如图6-55所示。

CorelDRAWX8

CorelDRAWX8

About Corel

图6-54

图6-55

130

（21）在文字上面绘制笔头图标，效果如图6-56所示。

（22）笔头图标绘制方法如下。

① 激活【矩形工具】□，绘制一个正方形。

② 激活工具箱中的【贝塞尔工具】，先绘制一个笔头图形，再绘制4个用于修剪的封闭辅助图形。

③ 将辅助图形一同选取并将其焊接。

④ 用辅助图形修剪笔头图形。

⑤ 将修剪后的图形拆分，选取笔尖图形并将其填充为墨绿色。

⑥ 将轮廓线去除，图标制作完成，如图6-57所示。

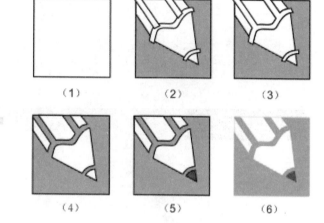

图6-56

图6-57

（23）激活工具箱中的【文本工具】字，在画面中拖出一个文本框，输入英文字体，字体为Arial，设置为黑色，效果如图6-58所示。

（24）选取所有文字，执行属性栏中的【对齐】命令，选择【两端对齐】，效果如图6-59所示。

Company Information
Corel revolutionized the graphic design industry when it introduced CorelDRAW® in 1989. Today, the Company continues to lead the market with its award-winning graphics and productivity software. Corel is also at the forefront of the digital media revolution, delivering the industry's broadest and most innovative portfolio of photo, video and DVD software.
Corel has a community of more than 100 million active users in over 75 countries, and a well-established network of international resellers, retailers, original equipment manufacturers, online providers and Corel's global Web sites.
The Company's headquarters are located in Ottawa, Canada, with major offices in the United States, United Kingdom, Germany, Taiwan, China and Japan. Corel's stock is traded on the NASDAQ under the symbol CREL and on the TSX under the symbol CRE.

图6-58

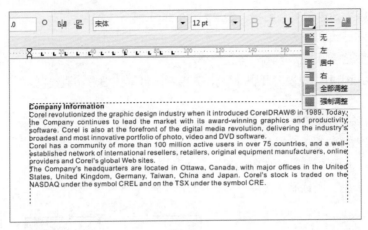

图6-59

（25）将文本置于如图6-60所示位置，并将文字设置为浅灰蓝色（R: 117，G: 143，B: 200）。

（26）选取【眼睛.jpg】图片，单击属性栏中的【段落文本换行】按钮，选择【文本从左向右排列】，如图6-61所示。

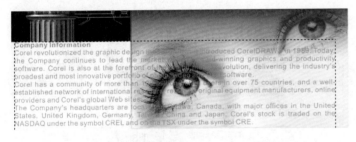

图6-60

图6-61

（27）此时文本将自动绕图换行，效果如图6-62所示。

（28）将文字"CorelDRAW X8"、笔头图标部分以及绿色矩形部分一同选取，单击属性栏中的【组合对象】按钮将其群组后，再单击属性栏中的【段落文本换行】按钮，如图6-63所示选择【跨式文本】。

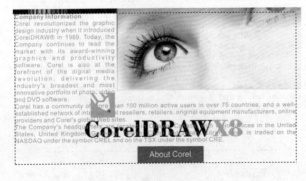

图6-62

图6-63

（29）此时文本将自动绕图换行，效果如图6-64所示。

（30）激活工具箱中的【矩形工具】▭，按住Ctrl键绘制一个180mm左右的正方形，设置其【填充】为橘色（R：240，G：133，B：25），【轮廓】宽度设置为3mm，然后在正方形内创建一个比正方形略小一点的文本框，单击工具箱中的【文本工具】字，输入英文字，字体为Arial，将颜色设置为白色，效果如图6-65所示。

图6-64　　　　　　　　　　　　　　　　　　图6-65

（31）将文本与正方形一并选取，执行菜单栏中的【对象】→【转换为曲线】命令，然后再单击【组合对象】按钮将其群组，效果如图6-66所示。

（32）将图形置于如图6-67所示的位置，激活工具箱中的【封套工具】▨，按住Shift键选取图中所示的4个节点并将其删除。

（33）选择4个角的节点，如图6-68所示，单击属性栏中的【转换为线条】按钮。

（34）分别将4个节点的位置做出调整，使图形具有透视关系，效果如图6-69所示。

（35）单击属性栏中的【取消组合对象】按钮，选取橙色图片，将其【轮廓线】更改为白色（R：5，G：1，B：0），并激活工具箱中的【透明度工具】▨，在橘色矩形左上角位置制作透明度效果，如图6-70所示。

（36）激活工具箱中的【阴影工具】▢，在图形上拖曳出阴影效果，并将属性栏中的【阴影羽化】更改为4，如图6-71所示。

图6-66　　　　　　　　　　　　　　　　　　图6-67

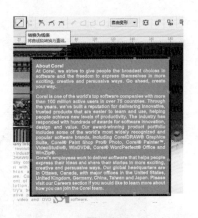

图6-68

图6-69

图6-70

图6-71

（37）执行菜单栏中的【文件】→【导入】命令，选择"第6章→素材→气球.tif"文件，单击【导入】按钮，导入素材，并将气球拖曳出阴影效果，如图6-72所示。

（38）最终效果如图6-73所示。

图6-72

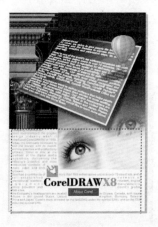

图6-73

6.3.2 专车服务海报版式设计

实例解析 ●●●

本案例讲解如何创作专车服务海报，整个版面以柔和的粉色作为背景色，突出温馨服务的理念。将素材以及文字信息完美结合，色彩搭配均衡，最终效果如图6-74所示。

图6-74

设计过程 ●●●

（1）激活工具箱中的【矩形工具】□，绘制一个【宽度】为500，【高度】为700的矩形，设置其【填充】为粉色（R：250，G：186，B：186），【轮廓】设置为无，效果如图6-75所示。

（2）执行菜单栏中的【文件】→【导入】命令，选择"第6章→素材→汽车.eps、手机.eps、"文件，单击【导入】按钮，调整位置，效果如图6-76所示。

图6-75

图6-76

（3）激活工具箱中的【贝塞尔工具】╱，在汽车底部绘制一个不规则图形并填充灰色作为阴影，效果如图6-77所示。

（4）选中不规则图形，执行菜单栏中的【位图】→【转换为位图】命令，如图6-78所示，在弹出的对话框中分别选中【光滑处理】以及【透明背景】复选框，单击【确定】按钮即可。

图6-77

图6-78

（5）继续执行菜单栏中的【位图】→【模糊】→【高斯式模糊】命令，在弹出的对话框中将【半径】更改为15像素，单击【确定】按钮，效果如图6-79所示。

（6）再执行【动态模糊】命令，如图6-80所示，在弹出的对话框中将【间距】更改为450像素，单击【确定】按钮即可。

图6-79　　　　　　　　　　　　　　　图6-80

（7）选择阴影图像，激活工具箱中的【透明度工具】，将均匀透明度更改为70，效果如图6-81所示。

（8）选中手机素材，激活工具箱中的【阴影工具】，拖动添加阴影效果，在属性栏中将【阴影羽化】更改为30，【不透明度】更改为30，效果如图6-82所示。

图6-81　　　　　　　　　　　　　　　图6-82

（9）激活工具箱中的【钢笔工具】，在汽车图像右上角位置绘制一个云朵对话图形，设置其【填充】为白色，【轮廓】为黑色，【轮廓宽度】为0.2mm，效果如图6-83所示。

（10）在云朵图形右下角位置再绘制一条弧形线段，效果如图6-84所示。

图6-83　　　　　　　　　　　　　　　图6-84

（11）激活工具箱中的【文字工具】**₸**，在图像正中输入英文字体，字体为"Calibri常规斜体"，字号为36pt，颜色为黑色，效果如图6-85所示。

（12）激活工具箱中的【2点线工具】**✐**，在手机图像顶部位置按住Shift键拖动绘制一条线段，设置其【轮廓】为白色，【轮廓宽度】为1mm。

（13）以同样的方法在手机图像左侧位置再次绘制数条相似线段，效果如图6-86所示。

图6-85　　　　　　　　　　　　　图6-86

（14）激活工具箱中的【文字工具】**₸**，在图像正中写下英文字体，字体为"方正兰亭中粗黑"，字号为36pt，设置其为白色，居中排列，效果如图6-87所示。

（15）激活工具箱中的【矩形工具】**▢**，如图6-88所示，在文字左侧按住Ctrl键绘制一个矩形，设置其【填充】为白色，【轮廓】设置为无。

图6-87　　　　　　　　　　　　　图6-88

（16）选中矩形，在属性栏的【旋转】文本框中输入45，效果如图6-89所示。

（17）选中矩形并单击鼠标右键，从弹出的快捷菜单中选择【转换为曲线】命令，效果如图6-90所示。

图6-89　　　　　　　　　　　　　图6-90

（18）激活工具箱中的【形状工具】**⬙**，选中图形右侧节点并将其删除，再将图形高度适当缩小，效果如图6-91所示。

（19）选中图形并向右侧平移复制，再单击属性栏中的【水平镜像】按钮，效果如图6-92所示。

| 图6-91 | 图6-92 |

（20）激活工具箱中的【文字工具】，在素材图像下方位置输入文字，字体为"微软雅黑"，字号为36pt，设置其为白色，效果如图6-93所示。

图6-93

（21）激活工具箱中的【2点线工具】，在线段中间位置按住Shift键拖动绘制一条水平线段，设置其【轮廓】为白色，【轮廓宽度】为1mm，效果如图6-94所示。

图6-94

（22）激活工具箱中的【矩形工具】，在线段中间绘制一个比文字稍宽的矩形，设置其【填充】以及【轮廓】均为默认，效果如图6-95所示。

图6-95

（23）同时选中矩形以及线段，激活属性栏中的【修剪】，对图形进行修剪，效果如图6-96所示。

图6-96

（24）选中矩形并将其删除，效果如图6-97所示。

图6-97

（25）激活工具箱中的【椭圆形工具】○，在左侧线段右侧顶端位置按住Ctrl键绘制一个正圆，设置其【填充】为白色，【轮廓】为无，效果如图6-98所示。

（26）选中正圆图形，按住Shift键的同时按住鼠标左键，向右侧平移并单击鼠标右键，将正圆图形复制，效果如图6-99所示。

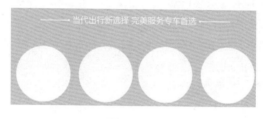

图6-98　　　　　　　　　　　　　　　图6-99

（27）激活工具箱中的【椭圆形工具】○，在海报下方位置按住Ctrl键绘制一个正圆，设置其【填充】为白色，【轮廓】设置为无，效果如图6-100所示。

（28）选中正圆图形，按住Shift键的同时按住鼠标左键，向右侧平移并单击鼠标右键，将正圆图形复制，再将其复制两份，效果如图6-101所示。

图6-100　　　　　　　　　　　　　　图6-101

▶ TIP：绘制正圆后，可以同时选中正圆，在【对齐与分布】面板中单击【水平分散排列中心】按钮。

（29）执行菜单栏中的【文件】→【导入】命令，选择"第6章→素材→图标1~4.eps"文件，单击【导入】按钮，调整相应位置，效果如图6-102所示。

（30）激活工具箱中的【文字工具】，在页面底部适当位置输入文字，字体为"方正兰亭中粗黑"，字号为36pt，设置其为白色，效果如图6-103所示。

图6-102　　　　　　　　　　　　　　图6-103

第7章 •••
创意包装设计

7.1 包装设计概述

　　包装作为人类智慧的结晶，广泛用于生活、生产中，早在公元前3000年，埃及人开始用手工方法熔铸、吹制原始的玻璃瓶，用于盛装物品。同一时期，埃及人用纸莎草的心髓制成了一种原始的纸张用以包装物品。公元前105年，蔡伦发明了造纸术，在中国出现了用手工造的纸做成标贴。在人类历史发展的长河中，包装设计推动人类文明不断向前发展，时至今日，包装不仅仅停留在保护商品的层面上，它已给人类带来了艺术与科技完美结合的视觉愉悦以及超值的心理享受，如图7-1所示。因此说包装设计是一门综合性很强的创造性活动，设计师要运用各种方法和手段，将商品的信息传达给消费者。它涉及自然的、社会的、科技的、人文的、生理的和心理的等诸多因素，想要快速、准确地达到设计目标，降低成本，增加产品的附加值，就必须要有严格、周密的设计程序和方法。

图7-1

7.1.1 商品包装的主要要素

　　功能、材料、形式是构成包装的三要素，它们三者之间既是独立的，又是相互联系的。功能是包装设计的前提，材料是包装设计的基础，形式是包装设计的灵魂。

1. 功能

　　保护功能——采用适当技术措施与方法，保护产品不受到损害。这种功能可以说是包装设计所特有的，是其最基本的特性。

方便功能——合理分装，储存运输方便，使用安全，利于回收，这是现代包装的基本功能。

2. 材料

材料是为功能服务的，没有材料就如人要做衣服没有布。保护产品依赖材料促成，离开了材料，商品包装装潢设计就成了一句空话。

3. 形式

形式是促进销售目的的重要手段。利用各种设计方式美化商品、宣传商品，以赢得商品的知名度。形式表现是包装装潢设计的灵魂。

包装的目的是为了传达商品信息，方便销售，扩大再生产，实现商品价值与利润。包装设计永远是功能第一位的，设计作品的宗旨也是为人民服务第一位的。作为新时代的包装设计师，要赋予包装新的设计理念，要了解社会、了解企业、了解商品、了解消费者，做出准确的设计定位。在构思设计过程中不能只以主观的审美来强加于设计，而应该了解商品的个性，充分进行市场调查以及了解包装的机能。包装装潢设计是艺术与实用的结合，形式又为设计带来无限的市场拓展力。通过形式的视觉传达来吸引顾客，传达商品信息，树立良好的品牌形象和企业形象。

7.1.2　常见商品包装的形式

（1）以形态分类：分为单体包装、内包装和外包装3种。

（2）按使用材料分类：分为纸包装、纸箱包装、木制包装、金属包装以及其他天然材料包装。使用各种材料做包装各有优劣，必须按需要和环境来加以分析。

纸包装印刷便利，成本低廉，但易破损、不防潮，现代多用纸塑复合包装，如图7-2所示。

木质包装成本较低，适合简易印刷、防潮、不易破损，多用于工业性包装设计，如图7-3所示。

图7-2　　　　　　　　　　　　　图7-3

纸箱包装印刷便利、成本低、形式多样、造型立体并富于变化，是现代广泛使用的一种包装。

塑料包装印刷便利、成本低、破损率低、防潮湿、造型多样，适用于大规模机械化生产，缺点是易造成环境污染。

金属类包装印刷便利、外形美观多样、密封防潮、不易破损，但成本较高，一般适用于高档商品，如图7-4所示。

玻璃类包装精美高雅、密封防潮、易破损、成本高，如图7-5所示。

图7-4

图7-5

布质类包装印刷便利、成本较低、形式多样、富于变化、不防潮、易破损。

（3）从设计角度来划分：分为工业性包装和商品性包装。

工业性包装，设计的重点是为了保护商品，便于储运，一般多用一些成本低廉，易于印刷，不易破损的材料。

商品性包装，在考虑保护商品，便于储运的同时，更重要的是促销的功能。为了达到促销的功能，其包装设计着重在商品的视觉传达效果上。

7.1.3　产品包装设计的基本构成要素

包装装潢从简单的几个文字到图文并茂的外表，留给顾客直观的效果。所以产品包装除研究包装结构外，对图形、构图、文字、色彩等的研究也是十分重要的，它是完成包装装潢的基本要求和设计定位的手段。

1. 图形

图形可以说是商品的面貌。图形对新产品定位起决定性作用，它能体现产品属性，达到形象传递要求。除受想象力、成本的限制外，图形因素多种多样，千变万化。从广义讲包含色彩、形态、商标品牌、文字等因素，其中每个因素都会影响消费者对产品的质量、接受程度等作出判断。图形的表现形式多样，主要有装饰图案、文字、摄影、绘画、卡通形象等，它是因产品、消费对象和地区而定。由于图形反映产品形象和品种地位（档次），因此传递的形象一定要清楚，绝对避免信息模糊影响销售。

（1）装饰图案形式表现

装饰图案是传统的表现形式，在包装装潢上运用较普遍，其特点是运用点、线、面的规律进行抽象、具象、单元或群体的构成，如图7-6所示。

（2）字体形式表现

文字形式在包装设计中是至关重要的，任何商品都离不开文字形式的宣传与美化。文字使商品信息一目了然。书法艺术是包装设计文字表现的良好形式，其具有十分独特的艺术气质，造型别致，体现民族特色，是商品包装装潢最易借鉴发扬的艺术形象，如图7-7所示。

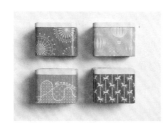
图7-6

图7-7

（3）摄影形式表现

摄影形式用于商品装潢上，是20世纪40年代美国Brid's Eye开始的商品信息传播手段，是包装内容写实的最为客观的表现形式，是手法表现上的一次大的突破。目前儿童玩具包装大部分采用摄影形式，这与儿童的纯真情感相吻合。其他商品采用摄影形式，掌握分寸同样会使商品显得高贵、雅致，也能更真实地反映产品的内在质量，如图7-8所示。

（4）绘画形式表现

油画、水彩、水粉、喷绘等均属传统表现形式。包装装潢发展到今天，各种新的表现形式的出现，使绘画这一传统形式在商品装潢上大有怀旧之情，以象征所表现的商品历史之悠久，文化之古老，如图7-9所示。

图7-8

图7-9

（5）卡通形式表现

卡通形象的运用为商品装潢带来趣味性的效果，给本来没有多少吸引力的商品配上幽默活泼的卡通形象会惹来人们的一片好奇心，无形中起到广告的推销作用。这种形式的出现更是迎合儿童喜好新奇、富有幻想的心理特点。那些如"变形金刚""米老鼠与唐老鸭"等可爱的形象常常会使孩子们为之吸引，想占为己有。卡通形式在当今的商品装潢中已十分普遍，几乎在所有类别的装潢中，都能见到卡通形式的表现，如图7-10和图7-11所示。

图7-10

图7-11

2. 文字

文字是直接传递商品流通信息，表达产品内容的视觉语言，它具有两重性，一是介绍商品，二是装饰画面。任何商品包装可以没有装饰、没有图案色彩，但却不能没有文字。包装中的文字是个简单而复杂的工作，因而在设计文字时一是注意字体本身的形态设计，二是注重文字内容的构思设计以及文字编排。

（1）文字的种类

文字种类很多，但首推中国的书法艺术，它是中华民族艺术的精华所在，也是包装设计中常常借用的重要表现手段之一。中国书法大致可分为古文、大篆、小篆、隶书、草书、行书、正楷等。黑体字是包装装潢中十分常见的字体表现形式，字表庄重、粗笨、结实、厚重。外文拉丁字母的种类很复杂，归纳起来有以下几种字体：罗马体、哥德体、意大利斜体、草体等。罗马体有古罗马和现代罗马体之分，前者字体优雅秀丽，横竖粗细变化不大，后者笔画横细竖粗，字母结构比较有规律，全都带有装饰线。哥德体有两种，一是14世纪的哥德体，富于装饰美，适合表现古典、权威性的商品；二是起源于法国和意大利的新哥德体，其造型明朗而具现代感，其字形与方形相似，没有装饰线（也称无饰线体），应用范围极广。

（2）字体的组合

文字在数秒钟之内组合成形体，要给人一种形象，这种形象称为"文字形态"。字体的形态是因商品属性而定，与构图、图形、色彩融为一体，以醒目易识为条件。通过多种设计手法增加其柔软感、活泼感、严肃感、现代感。小字的运用和主体字要有联系，字体排列讲究统一，说明文字要小而清晰。

3. 构图

包装设计构图应突出主题，层次分明，简明而有视觉冲击力，充分体现商品的属性。它不受透视、自然景象和场景的限制，还可依靠材料、工艺本身的特点，采用综合性的手法来组合构成画面。中国传统艺术中，构图充分运用了形式美法则，它是装潢设计学习的重要途径。

（1）多样性统一

这是一切艺术表现中最基本的原则。所谓多样性的统一就是从统一中求变化，变化要服从统一。多样性的统一要求妥善安排主次，前后左右、上下深浅要有变化，不要平均分布画面。要衬托主题，突出主题。

（2）对称与平衡

对称是等量等形。对称的构图特点是装饰性较强，在商品装潢中常常运用这种手法。但过于追求对称就会出现呆板平均之感。平衡是在平面上的量及质在视觉上所得到的平衡。构图要注意整体画面中的呼应关系，这种平衡的构图由于有相互对照和变化，也就产生了活泼而又稳定的感觉，结合不同性质的产品灵活运用，以获得各种不同的效果。

4. 色彩

色彩在包装设计中占有特别重要的地位。在竞争激烈的商品市场上，要使商品具有明显区别于其他产品的视觉特征，更富有诱惑消费者的魅力，刺激和引导消费，以及增强人们对品牌的记忆，这都离不开色彩的设计与运用。

日本色彩学专家大智浩，曾对包装的色彩设计做过深入的研究。他在《色彩设计基础》一书中，曾对包装的色彩设计提出如下8点要求：

- 包装色彩能否在竞争商品中有清楚的识别性。
- 是否很好地象征着商品内容。
- 色彩是否与其他设计因素和谐统一，有效地表示商品的品质与分量。
- 是否为商品购买阶层所接受。
- 是否有较高的明视度，并能对文字有很好的衬托作用。
- 单个包装的效果与多个包装的叠放效果如何。
- 色彩在不同市场、不同陈列环境是否都充满活力。
- 商品的色彩是否不受色彩管理与印刷的限制，效果如一。

对于一些商品特别要求独特的个性，色彩设计需要具有特殊的气氛感和高价、名贵感。例如法国高档香水或化妆品，要有神秘的魅力，不可思议的气氛，显示出巴黎的浪漫情调。这类产品无论包装体型或色彩都应设计得优雅大方。再如，男人嗜好的威士忌，包装设计要有18世纪法国贵族生活的特殊气氛，香烟包装设计要求有一种贵族的气质感。骆驼牌（CAMEL）香烟盒的底色是淡黄色，暗喻广阔的沙漠。背景图案上的金字塔和棕榈树代表古老的东方，给人一种神秘的和原始的感觉，如图7-12和图7-13所示。

图7-12

图7-13

7.2 文本特效

在CorelDRAW X8中所具有的文本效果几乎可以替代所有需要专业排版软件才能完成的排版效果。处理美术字文本可以像对待图形对象一样，应用各种特殊效果（立体化效果、添加阴影效果、调和效果等）；对于段落文本，有一些特殊效果虽然不能进行应用，但其本身支持的各种特殊效果已绰绰有余，同样也可以创建出丰富的效果（在段落文本中添加任意形状的图形对象，生成图文混排效果；在多个文本框之间建立链接，形成"文本流"；对文本添加封套，改变文本框的外观；快速实现大批文本的统一格式编排）。

7.2.1　使文本适合路径

将文本嵌合到路径是美术字文本所独有的编排效果。在CorelDRAW X8默认状态下，所输入的文本都是沿水平方向排列的，这种排列方式的外观整齐而单调，虽然可以用【形状工具】将其旋转或偏置，产生波纹的效果，但这种方法只能用于简单的文本，而且比较烦琐。使用"使文本适合到路径"的功能，可以将文本捆绑到不同的路径中，使其外观更加多变，看起来像圆、矩形、曲线等。不仅如此，还可以精确调整文本与路径的嵌合方式。

1.　使文本直接适合路径

在CorelDRAW X8中，沿图形对象的轮廓线放置美术字文本，最直接的方法是使输入的文本自动沿路径对象分布。这种方法非常简单，可以用鼠标直接在路径上输入文本。

使输入的文本自动适配路径的操作步骤如下：

（1）启动CorelDRAW X8，使用基本绘图工具绘制一个简单的图形对象，如图7-14所示。

（2）激活工具箱中的【文字工具】，将光标移动至图形对象附近，等光标变成插入点光标时，在图形对象附近单击鼠标左键。

（3）选择一种输入法输入文本，这时输入的文本会自动沿选定的图形对象轮廓分布。如图7-15所示显示了文本嵌合在封闭路径上的效果，同样方法如图7-16所示，显示了文本适合在开放路径上的效果。

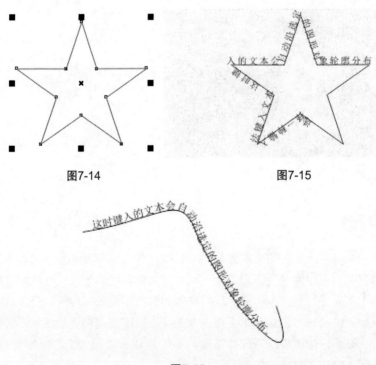

图7-14　　　　　　　　　　　　　　　图7-15

图7-16

2. 将已有文本适合到路径上

对于已有的美术字文本，可以使它适配于路径，对于开放路径和闭合路径，都可以应用此特效。

（1）使用文本适合路径的方法

① 使用基本绘图工具绘制一个图形对象，激活【文字工具】，在画面上创建一个美术字文本，如图7-17所示。

② 激活【选择工具】，并选择该美术字文本。

③ 执行菜单中的【文本】→【使文本适合路径】命令，这时光标变成一个粗黑的方向箭头。

④ 移动方向箭头在选定的图形对象上单击，即可将文本嵌合到对象上，如图7-18所示。

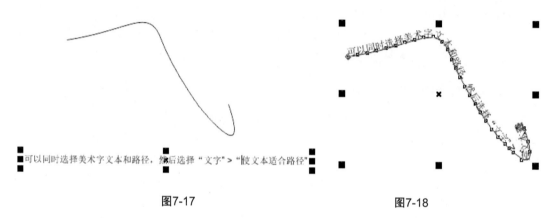

图7-17 图7-18

> **TIP**：可以同时选择美术字文本和路径，然后执行【文本】→【使文本适合路径】命令，也可达到同样效果。

（2）使用属性栏调整已嵌合的文本

① 在属性栏上打开【文本方向】列表框，用户可以在其中选择路径上字母的方向，如图7-19所示。它共有以下4种选项。

> **旋转字母**：旋转单个字符以遵循路径的轮廓线，即每个字母与轮廓线保持垂直。

> **垂直倾斜**：垂直地倾斜每个字符，以造成文本直立在路径上的感觉，倾斜量随路径的倾斜率而变化。

> **水平倾斜**：水平地倾斜每个字符，以形成文本向屏幕里面转动的感觉，倾斜量随路径的倾斜率而变化。

> **垂直字母**：每个字母都是垂直的方向，并且不发生倾斜。

② 调整文字与路径的垂直距离和水平偏移。用户可在属性栏中改变"与路径距离"和"水平偏移"数值框，调整文本在路径上的水平与垂直位置，如图7-20所示。

③ 【水平镜像、垂直镜像】按钮的功能就是把文本放在路径对应的另一边，如图7-21所示。

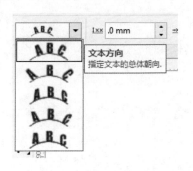

图7-19

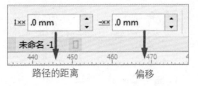

图7-20

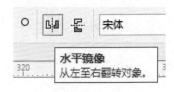

图7-21

总之要实现沿路径的轮廓线放置选定的文本对象的操作，可以直接在路径上输入文本，也可以执行【文本】→【使文本适合路径】命令，或使用属性栏进行精确地控制。

▶ TIP：要在封闭路径上放置文本对象，可激活【选择工具】，选中文本，执行【文本】→【使文本适合路径】命令，将文本置于封闭路径上，然后利用其属性栏，对嵌合方式进行精确设置。这种方法和将文本适合到开放路径上的操作方法是完全一样的。

3. 分离适合于路径的文本对象

将文本适合到开放路径或封闭路径中后，即将文本和路径视为一个对象。如果想分别对文本或路径进行处理，可以将文本从图形中分离出来。分离后的文本对象保持着它所在路径的形状。

要将文本与路径分离开，可激活【选择工具】，选择已嵌合于路径的文本对象，然后执行【对象】→【拆分在一路径上的文本】命令即可，如图7-22所示。拆分后，文本和图形变为两个独立的对象，可以分别对它们进行处理，如图7-23所示效果。

图7-22

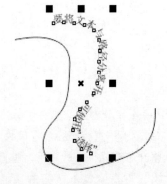

图7-23

7.2.2　段落文本与文本框

在CorelDRAW X8中，当对段落文本框应用了变形命令，改变了文本框的外形时，文本框中文本的字形、大小等各种属性都保持变形前的状态。而当改变文本的字形、大小等各种属性后，文本框的外形并不产生变化。

1. 添加符号

在一段文本中除了要添加文字外，有时还需要添加一些特殊的符号。将符号作为图形对象添加时，Core1DRAW X8将符号当作曲线处理，因此符号是独立的图形对象。

将符号作为文本对象添加的方法如下：

（1）激活【文本工具】，选择文本、艺术字文本或者段落文本。

（2）将鼠标光标（插入点）放在要添加符号的位置。

（3）执行【文本】→【插入符号字符】命令，这时会出现如图7-24所示面板。

图7-24

（4）从面板中选择一种符号集的名称。若有特殊需要，可以在"符号大小"框内输入数值或使用上下箭头改变符号的大小。

（5）在符号窗口中双击一种符号，或者把符号拖动到文本范围内，则此时选中的符号就被插入了文本中，此时是作为文本对象添加的。如果在符号窗口中单击一种符号并将其拖动到绘图页面上，则将符号作为图形对象添加到了页面上，此时要注意不要放在选中的文本上，否则又会变成文本对象，如图7-25所示。

2. 在图形对象中插入段落文本

在CorelDRAW X8中，可以将段落文本嵌入一些不规则的、封闭路径的图形对象中，也就是说将文本作为图形对象中的填充物。当在图形对象内部插入文本时，文本框位于图形对象的轮廓内。作为填充的文本属性和其他段落文本一样，可以应用各种段落编排格式。插入图形对象的文本框，其大小随对象形状改变而改变，要调整段落文本框的大小，必须调整图形对象。

在符号窗口中双击一种符号，或者把符号拖动到文本范围内，#则此时选中的符号就被⅔插入到了文本中，此

图7-25

在图形对象中插入段落文本的方法如下：

（1）在新建文件中，激活绘图工具绘制一个具有封闭路径的图形，再激活【选择工具】 ，并选择图形对象。

（2）激活工具箱中的【文本工具】 ，单击图形对象的轮廓，这时根据对象的形状和大小在对象内部出现了一个文本框，如图7-26所示。

（3）在文本框中输入文本即可，如图7-27所示。

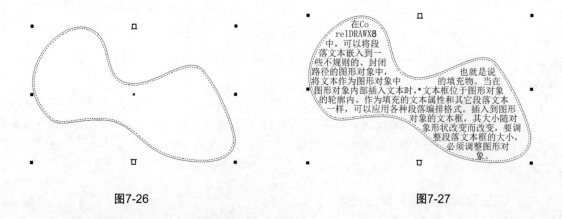

图7-26   图7-27

3. 沿图形对象轮廓排列段落文本

图文混排的编辑方式广泛应用于报纸、杂志、图书的版面设计中。文本可以沿着图形轮廓排

列，并通过合理地控制文本与图形对象之间的相对位置来增强图形的显示效果。可以对已有的文本应用图文混排效果，也可以用这种方式排列正在输入的文本。

使新输入的段落文本自动环绕在图形对象周围的方法如下：

（1）在新建文件中，绘制如图7-28所示椭圆与矩形，然后将二者中心垂直重合。

（2）将二者全选，执行属性栏中的【合并】命令，如图7-29所示使二者成为一个整体。

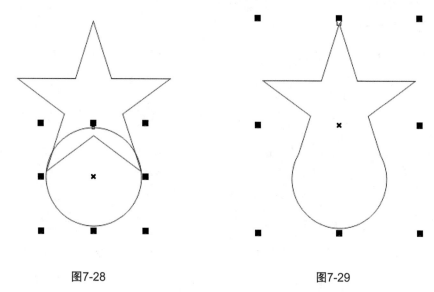

图7-28   图7-29

（3）激活属性栏中的【段落文本框】，在下拉列表框中选择一种环绕方式（本例选择跨式文本），【在文本绕图偏移】数值框中输入数值，确定文本环绕的偏移量，如图7-30所示。

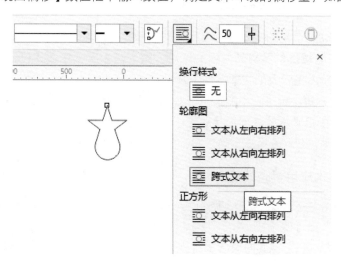

图7-30

（4）单击【确定】按钮，返回CorelDRAW X8工作界面。

（5）激活【文本工具】，在图形上创建一个段落文本框，如图7-31所示。

（6）在文本框中输入所需要的文本。当输入文本时，文本会沿着图形对象的轮廓移动，并保留一定的空白区域，效果如图7-32所示。

如果要对已有文本应用环绕效果，首先选择【段落文本换行】命令（鼠标右击图形对象，从其菜单中选择【段落文本换行】命令亦可），然后将段落文本拖动到图形对象上并且定位，段落文本就自动环绕在选定的图形对象周围。如果需要改变文本和对象间的距离，请参照上述操作步骤（3）进行精确设置。

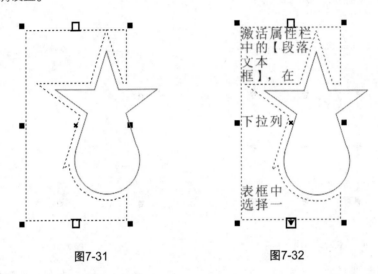

图7-31　　　　　　　　　　　图7-32

7.2.3　给文本添加封套效果

在CorelDRAW X8中使用的文本分为美术字文本和段落文本两种格式，这两种格式为用户进行不同文本的录入和编辑提供了极其方便的解决方案。美术字文本适于设置一些文本的特殊效果，而段落文本则为输入量较大的文本提供了方便。

段落文本的处理方法决定了它不能运用一些美术字文本可以利用的特效，如立体化、添加阴影或者各种填充等。段落文本的外部形状决定于用户设置的文本框的形状。CorelDRAW X8为用户改变段落文本的外形提供了交互式封套工具，它是一种操作简单却功能强大的工具。

1. 对美术字文本应用封套效果

在使用封套对美术字文本进行变形操作时，系统将美术字文本视为图形对象。但是文本本身还保留了文本的特征，如可以设置字体、字号、大小写。

和其他工具一样，【交互式封套工具】同样允许使用属性栏来精确设置各种选项，对图7-30进行应用封套，如图7-33所示。例如在当前选定的封套上添加和删除节点，转换节点类型，设置不同的封套模式，应用系统提供的各种预设封套形状等。

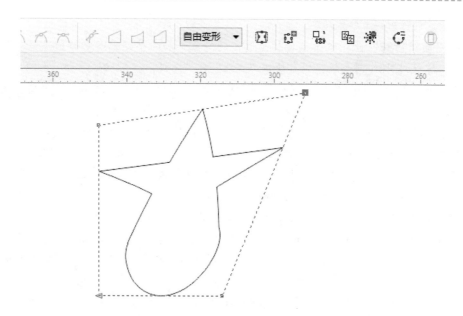

图7-33

【交互式封套工具】属性栏介绍如下。

- **"预设"列表框** ：显示预设形封套的选择范围。单击应用于选定对象的封套，可以打开系统为用户提供的封套下拉列表框，从中选择任何一种封套形式。

- **"添加节点"** ：单击该按钮将在单击点位置添加一个或者多个节点。

- **"删除节点"** ：在选定了某一个或者多个节点后，单击该按钮将删除它们。

- **"转换曲线为直线"** ：单击该按钮将选定的曲线转换为直线。

- **"转换直线为曲线"** ：单击该按钮将选定的直线转换为曲线。

- **"使节点成为尖突节点"** ：选定一个其他类型的节点后，单击该按钮将把选定的节点转换成尖突节点。

- **"生成平滑节点"** ：单击该按钮将把选定的非平滑节点转换成平滑节点。

- **"生成对称节点"** ：单击该按钮将把选定的非对称节点转换成对称节点类型。

- **"封套的直线模式"** ：单击该按钮启用直线封套编辑模式。使用这种模式，可水平或垂直拖动封套节点来更改封套的图形，但保持封套边缘为直线。

- **"封套的单弧模式"** ：单击该按钮启用单弧封套编辑模式。使用这个编辑模式，可水平或垂直拖动封套手柄，在封套图形中添加一条单弧形曲线。

- **"封套的双弧模式"** ：单击该按钮，启用双弧封套编辑模式。使用这个编辑模式，可水平或垂直拖动封套手柄，在封套图形中添加一条双弧形曲线。

- **"封套的非强制模式"** ：单击该按钮启用无约束封套编辑模式。使用这个模式可沿任意方向拖动封套手柄，使封套具有所需的任何图形。在这个模式下，手柄可自由移动并有控制点。可使用这些控制点精确调整封套的图形，还可以用图形工具圈选多个手柄，并将它们作为一个整体移动。

▶ **"添加新封套"** ▣：单击该按钮为选定的对象添加一个矩形封套。通过拖动封套的节点，可以利用4个封套编辑模式按钮"直线"、"单弧"、"双弧"和"无约束设置"的方式重新构造封套的形状。在CorelDRAW X8中根据封套的形状自动重新构造选定对象的形状。

▶ **"映射模式"** 自由变形▾：决定映射模式，即在CorelDRAW X8中使对象适合封套的方式。可选择形状和美术字文本的"原始"、"水平"、"垂直"或"填孔"模式。

▶ **"保留线条"** ▣：启用该按钮时，在编辑封套时将保持原来的线条形状不变；禁用该选项时，将随着编辑节点而改变所有的图形形状。

▶ **"创建封套属性"** ▣：单击该按钮将从某一图形对象中复制新的封套形状。

▶ **"清除封套"** ✦：允许从选定的对象最近用过的封套开始，一次删除一个封套。如果清除了所有封套，则只以原始对象保留下来。清除封套前，必须移除应用这个封套后对对象应用的任何效果。

使用属性栏对美术字文本添加封套效果的方法如下。

（1）新建文件，在画面中添加美术字文本，激活【选择工具】▸，选中该文本。

（2）在工具箱中激活【交互式封套工具】▣，打开其属性栏。

（3）该属性栏提供了4种封套编辑模式，从上述4种模式中依次选择一种，在文本周围就会出现控制柄，可以根据选定的模式进行调整，产生的封套效果如图7-34所示。

▶ TIP：还可以设置封套的映像模式。单击属性栏中的下拉列表框，从中选择一种映像模式。

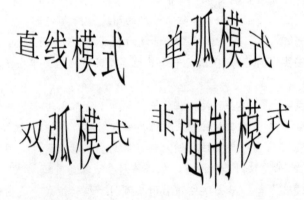

图7-34

2. 对段落文本应用封套效果

在CorelDRAW X8中，仍然沿用以前版本的一些基本工具，例如各种交互式工具等。如果想使用鼠标来改变段落文本框的外观，必须通过工具箱中的【交互式封套工具】▣来进行。下面介绍使用该工具改变段落文本框外形的方法。

（1）新建文件，在画面中添加段落文本，激活【选择工具】，选中该文本，如图7-35所示。

（2）执行【窗口】→【泊坞窗】→【效果】→【封套】命令（使用快捷键Ctrl+F7），打开如图7-36所示的封套面板。

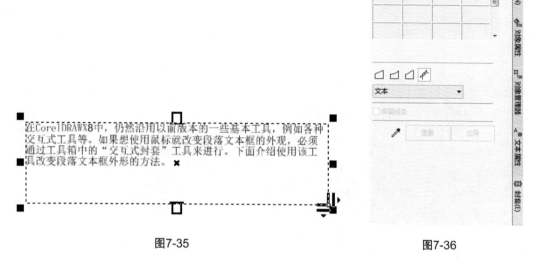

图7-35　　　　　　　　　　　　　　　图7-36

（3）单击该面板中的【添加新封套】按钮，将文本框的轮廓线改变颜色，并有8个节点出现，效果如图7-37所示。

图7-37

💡 TIP：第一次启用【封套】命令时，可能看不到预设的封套，用户单击【添加预设】按钮即可。

（4）从该面板提供的4种封套编辑模式"直线条"、"单弧"、"双弧"和"无约束设置"中选择一种或多种，为段落文本添加封套，效果如图7-38所示。

图7-38

（5）单击【封套】面板中的"添加新封套"的按钮，从预览窗口中选择一种封套形状，为段落文本添加预设形状的封套，如图7-39所示。

图7-39

（6）单击【应用】按钮，将选定的封套样式添加到选定的段落文本框上，效果如图7-40所示。

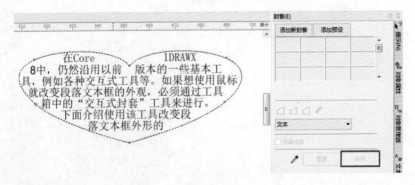

图7-40

3. 创建自定义封套

CorelDRAW X8为用户提供了许多个预设的封套，用户可以自由地选用它们中的一个或者多个为自己的段落文本添加不同的特殊效果。对于大部分用户来说，这些封套的形状和数量已经够用了，CorelDRAW X8不是专业的字处理软件，其强大的功能主要体现在图形图像的创建或者处理上。但是为了方便用户的特殊要求，它还提供了创建封套的功能。这项功能允许用户使用对象的形状在当前文件中制作封套，然后将该封套应用于绘图中的任何对象。用户可以使用在CorelDRAW X8中创建的任何一个具有单一的封闭路径的对象（包括焊接对象）来创建封套，但是不能从导入对象、开放路径、组合对象或群组对象中创建封套。

创建自定义封套的方法如下：

（1）新建文件，激活基本绘图工具并创建封闭路径。

（2）激活【形状工具】，调整图形的形状直至满意为止。

（3）在当前文件中输入段落文本，激活【选择工具】，单击要用作封套的对象段落文本，如图7-41所示。

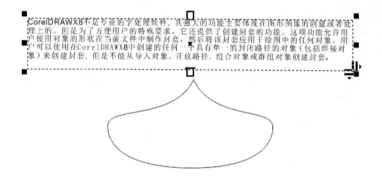

图7-41

（4）激活【交互式封套工具】并启用"封套"属性栏，此时段落文本框改变颜色，在该属性栏右上角上单击"创建封套自"按钮（或封套面板左下角按钮亦可），如图7-42所示。

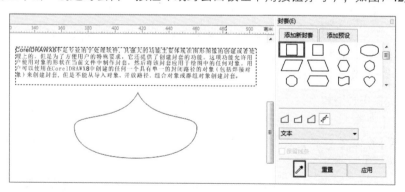

图7-42

（5）单击【添加预设】，此时鼠标变为封套式图标，将它移动到选择作为封套基础的对象上单击，效果如图7-43所示。

图7-43

（6）单击封套面板上的【应用】按钮，效果如图7-44所示。

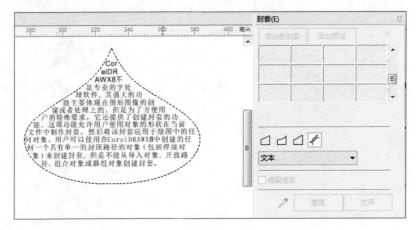

图7-44

4．移除封套

【清除封套】命令可以从最近应用的一个封套开始，一个个地移除封套。例如，如果对一个对象应用了4个封套，则需要使用该命令4次才可将这4个封套删除。如果移除应用了一个对象的所有封套，则最后只留下原始对象。

移除封套的操作方法如下：

（1）激活【选择工具】，单击选定含有要移除封套的对象。

（2）激活【交互式封套工具】，单击该属性栏上的【清除封套】按钮，或者执行【效果】→【清除效果】命令。

> TIP：在移除封套前，必须先移除执行应用封套后应用于对象的所有效果。

7.2.4　段落文本的转移

大家知道，在处理版面时经常遇到输入的段落文本幅面超过了该文本框所能容纳的范围，而超出部分不能被显示出来。在CorelDRAW X8中，用户可以进行设置，使文本转移到另外一个文本框，也可以使文本转移到图形对象，使在一个文本框不能显示的内容在另一个文本框或图形对象中显示出来。

1. 链接两个或多个段落文本框

用户在创建段落文本时已经发现，已超出文本框的范围的部分没有被显示。但文本块下面有一黑色小三角的溢出符号，用户可以通过链接文本框或图形对象，使段落文本"转移到"其他对象。

创建链接的方法如下。

（1）新建文件，激活【文本工具】 ，分别创建两个段落文本框A与B，其中一个比较多地输入文本，使文本量超出文本框的范围，而另一个为空文本框，如图7-45所示。

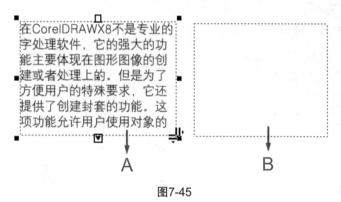

图7-45

（2）激活【选择工具】 ，选择第一个段落文本框A，这时在其下部会显示出文本溢出符号，单击此符号，鼠标指针变成一个带一页文档的图标。

（3）移动鼠标指针到另一个文本框B中时，指针变成向右的黑色粗箭头形状，单击B文本框，这样A与B文本框通过一条蓝线连接在一起，表明链接成功，如图7-46所示。

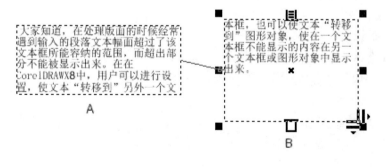

图7-46

（4）此时我们将A与B文本框中的字号放大，由于文本幅面变大，文本框B被充满后，依然出现了溢出符号，此时用户可以用绘图工具创建图形C，如图7-47所示。

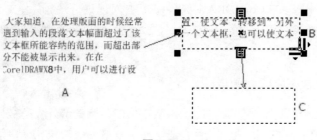

图7-47

（5）单击B文本框的溢出符号，并移动鼠标指针到图形C，这时指针变成一个黑色粗箭头形状。在图形C内单击，B文本框通过一条蓝线与图形C连接，表明图形C与文本框B链接成功，如图7-48所示。

▶ TIP：大家不妨试一试，创建一个开放路径（如一条曲线）进行链接也可以链接成功，说明开放路径也可以被选中作为链接容器。

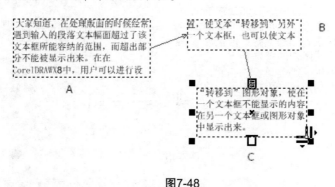

图7-48

2. 链接不同页面上的文本框和对象

在CorelDRAW X8中，常常会遇到多页文档。这时，就可以将某一段落文本框与其他页面的文本框或对象链接，从而可以创建跨页面的链接。

链接不同页面上的文本框的方法如下。

（1）激活【选择工具】 ，选择起始文本框。

（2）单击起始段落文本框底部的文本溢出符号，鼠标指针变成一个带一页文档的图标，如图7-49所示。

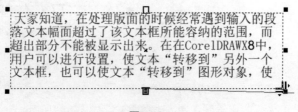

图7-49

（3）单击在CorelDRAW X8工作窗口底部的导航器上的页码名称，打开包含第二个文本框的页面标签。

（4）选择要文本流继续延伸到的文本框，指针变成向右的黑色粗箭头形状并单击该文本框。文本流标签和一条蓝色虚线的出现表明文本框已被链接。同时还会有标识文本框被链接到的页码如图7-50所示，如果将页面2文本框缩小，则溢出的文本可以在页面3继续创建新的形式，效果如图7-51所示。

（5）如果要链接到不同页面上的对象，遵循本操作方法（4）中步骤即可。

▶ TIP：图7-51为开放式路径的文本流效果。

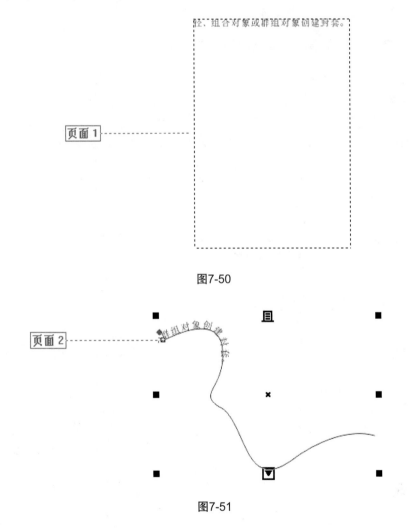

图7-50

图7-51

3. 编辑链接的文本框

一旦用户把多个文本框链接起来，并且使文本从一个文本框流向另一个文本框，如果想将链接的段落文本框或对象之间的文本流动重新改变，就必须对链接的段落文本框进行一些编辑工作。要确定文本流的方向，先选择文本框或对象，会出现一个蓝色箭头来指出流动的方向。如果链接的文本框在不同的页面上，蓝色箭头的旁边将出现页码。

将文本流改向另一个文本框的方法如下。

（1）激活【选择工具】，单击要改变其链接的文本框底部的文本流标签。

（2）激活【选择工具】，选择要文本流继续延伸到的新文本框。

（3）如果要文本流链接到其他对象，使用【选择工具】单击要改变其链接的对象底部的文本流标签。

（4）在文本流要继续延伸到的对象上单击即可。

4．解除段落文本框或图形对象之间的链接

解除段落文本的链接有3种方法。

（1）选择文本框，执行【对象】→【拆分文本段落】命令，可将段落文本框或图形对象都删除。

（2）激活【选择工具】，选中要解除链接的段落文本框或图形对象，然后在文本中单击鼠标右键，在弹出的快捷菜单中选择【删除】命令即可。

（3）选择该文本框，直接按Delete键，则该文本框或图形对象被删除，该文本框中的文本被自动转移到它所链接的下一个文本框中（或图形）。

7.3　包装创意设计案例解析

7.3.1　榴莲产品包装设计

本案例讲解榴莲包装设计展开图，其创作过程以淡橘色作为背景色，配以绿色元素，此款包装在设计过程中将榴莲插画图作为主视觉图形元素，将整个包装平面完美呈现，效果如图7-52所示。

图7-52

（1）激活工具箱中的【贝塞尔工具】，绘制一个【宽度】为35mm，【高度】为110mm的不规则图形，然后将其复制一份并【水平镜像】，选中两个不规则图形，将其合并，设置其【填充】为淡橘色（R：249，G：241，B：205），将其【轮廓宽度】设置为0.1mm。同样方法绘制一个包装袋勒口效果的图形，效果如图7-53所示。

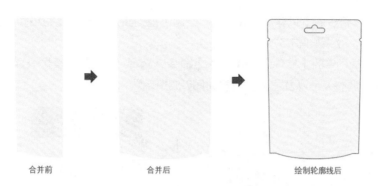

合并前　　　　　　　合并后　　　　　　　绘制轮廓线后

图7-53

（2）将不规则图形复制备用，然后将其【轮廓宽度】设置为无。激活工具箱中的【刻刀工具】，将其剪切一部分，并设置其【填充】为绿色（R：166，G：168，B：44），最后再置入包装底图中，效果如图7-54所示。

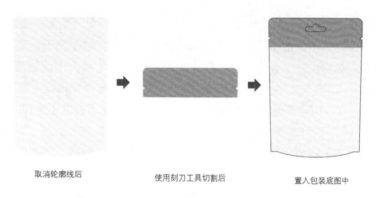

取消轮廓线后　　　　　　使用刻刀工具切割后　　　　　　置入包装底图中

图7-54

（3）执行菜单栏中的【文件】→【导入】命令，选择"第7章→素材→暗纹.eps、暗纹2.eps"文件，单击【导入】按钮，调整大小以及位置，效果如图7-55所示。

（4）执行菜单栏中的【文件】→【导入】命令，选择"第7章→素材→榴莲插画.eps、榴莲剪影.eps"文件，单击【导入】按钮，调整大小以及位置，效果如图7-56所示。

图7-55

图7-56

第 7 章　素材

（5）激活工具箱中的【贝塞尔工具】，绘制不规则图形，将其复制粘贴多次，调整位置、大小及角度并群组，效果如图7-57所示。

（6）执行菜单栏中的【文件】→【导入】命令，选择"第7章→素材→标志.eps"文件，单击【导入】按钮，调整大小以及位置，效果如图7-58所示。

图7-57　　　　　　　　　　　图7-58

（7）绘制小图标：①激活工具箱中的【椭圆形工具】，绘制圆形，设置其【填充】为淡粉色（R：103，G：86，B：71），【轮廓宽度】设置为4mm，【填充】设置为深棕色（R：249，G：241，B：205）；②输入文字，字体为DFMincho-SU，字号为16pt，【填充】设置为深棕色（R：249，G：241，B：205）；③将文字复制一份，设置其【轮廓宽度】为10mm，【填充】为淡粉色（R：103，G：86，B：71）；④完成后将其组合。效果如图7-59所示。

（8）输入相应文字，将其移动至主图合适位置，并加入小图标，调整位置以及大小，效果如图7-60所示，完成正面包装效果。

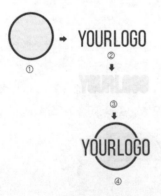

图7-59　　　　　　　　　　　图7-60

（9）复制包装正面平面轮廓并平移至旁边，效果如图7-61所示。

（10）执行菜单栏中的【文件】→【导入】命令，选择"第7章→素材→榴莲剪影2.eps"文件，单击【导入】按钮，调整大小以及位置，效果如图7-62所示。

<table>
<tr><td>图7-61</td><td>图7-62</td></tr>
</table>

（11）复制包装正面素材至包装反面轮廓上，输入相应文字并重新排版，效果如图7-63所示。

（12）激活工具箱中的【文字工具】，在空白区域输入相关文字，字体为Arial，字号为6pt，设置其为黑色，效果如图7-64所示。

图7-63　　　　　　　　　　图7-64

（13）激活工具箱中的【表格工具】，将其属性栏中的【行数和列数】设置为（6，2），【边框】设置为0.25mm，效果如图7-65所示。

（14）激活工具箱中的【文字工具】，在空白区域输入相关文字，字体为Impact，字号为12pt，设置其为灰色（R：103，G：86，B：71），效果如图7-66所示。

图7-65　　　　　　　　　　图7-66

（15）将字体以及表格移动至主图合适位置，最终效果如图7-67所示。

图7-67

7.3.2 食品包装平面图

本案例讲解钙奶饼干包装设计展开图，在其创作过程中运用了调和工具，以蓝色花纹作为背景色，配以白色元素，将饼干造型作为主视觉图形元素，将整个包装平面完美呈现，效果如图7-68所示。

图7-68

所用工具

> **调和工具** ✎：所谓调和，是指在两个对象之间创建渐变的现象，实现从一个对象到另一个对象的轮廓填充的渐变效果。调和效果是CorelDRAW X8中最强大的最常用的特效工具，可以使用它创造出非常奇特的效果。

CorelDRAW X8允许创建直线调和、沿路径调和以及复合调和。

直线调和显示形状和大小从一个对象到另一个对象的渐变。中间对象的轮廓和填充颜色在色谱中沿直线路径渐变。中间对象的轮廓显示厚度和形状的渐变。

创建调和后，可以将其设置复制或克隆到其他对象。复制调和时，对象采用所有调和相关设置，但不包括设置的轮廓和填充属性。克隆调和时，对原始调和（也叫主对象）所做的更改应用于克隆。

交互式调和工具属性栏选项介绍如下。

> **位置和大小** ：X和Y两个数字框为对象的左上顶点的坐标值，它标明对象的位置。表示对象的大小。

> **调和对象**：默认值为20步，即中间对象为20个。用户可以根据起始对象和结束对象之间的距离和实际的需要在此框内输入相应的步数。

> **调和方向**：可以在从起始对象渐变到结束对象的过程中旋转调和的中间对象。输入负值时，按顺时针旋转这些对象。

> **环绕调和**：当调和方向不为0时，此按钮有效。单击这个按钮可以旋转调和的中间对象，但这时的旋转是围绕起始对象和结束对象旋转中心之间的连线的中点来进行的，这将创建一个弧形图形。再次单击这个按钮，对象将围绕各自的旋转中心旋转。两种情况的旋转量都等于调和方向框中设置的值。

> **直接调和** ✎：渐变填充属性对话框中的色轮及其左边的3个方向按钮在直接调和时，沿经

过色谱的一条直线路径来调和起始和结束对象的颜色。这个路径从起始对象的颜色渐变到结束对象的颜色。

- **顺时针调和**：按经过色谱的一条顺时针路径来调和起始和结束对象的颜色。这个路径将会从起始对象的颜色渐变到结束对象的颜色。

- **逆时针调和**：按经过色谱的一条逆时针路径来调和起始和结束对象的颜色。这个路径将会从起始对象的颜色渐变到结束对象的颜色。

- **对象和颜色加速**：单击该按钮右下角的黑色三角符号，可以打开对象加速滑块和颜色加速滑块，分别用来定义对象或颜色的分布情况。在默认状态下，中间对象的变化都是均匀的，经过加速，就有了一种所谓的变化趋势。如果向起始对象加速，则中间对象越靠近起始对象越密，可以视为一种加速。

- **调整加速大小**：如果要改变加速起始和结束对象间的大小，则单击这个按钮，并调整三角形滑块。若使用默认值，则不需单击此按钮。

- **更多调和选项**：单击此按钮，可以打开一个弹出式菜单。

- **起始和结束对象属性**：单击此按钮，可以显示出一个弹出式菜单，分别为4个命令：新起点、显示起点、新终点、显示终点。显示起点和显示终点通俗易懂，用来显示起始对象和终止对象；新起点和新终点的作用是调换起始对象或最终对象。当选择这两个命令中的一个时，鼠标指针变成黑色三角形状，单击另一个对象时，就完成了替换。当然，单击的对象应该是有效的对象。

设计过程 ●●●

（1）激活工具箱中的【矩形工具】□，绘制一个【宽度】为210mm，【高度】为300mm的矩形，设置其【填充】为无，【轮廓】为极细，效果如图7-69所示。此时属性栏如图7-70所示，确保选择矩形的"圆角"。

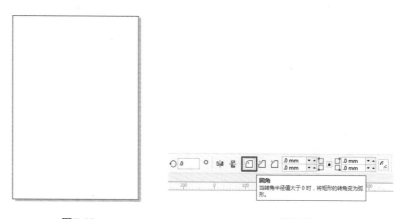

图7-69　　　　　　　　　　　　　　图7-70

（2）激活【形状工具】，按住鼠标左键拖动矩形顶角的节点，使矩形4个直角转变成一定大小的圆角，效果如图7-71所示。

（3）选取【圆角矩形】，按住Shift键，向内拖动节点，按住鼠标左键向内拖动节点，缩小矩形同时单击鼠标右键，这样即可复制新的圆角矩形，效果如图7-72所示。

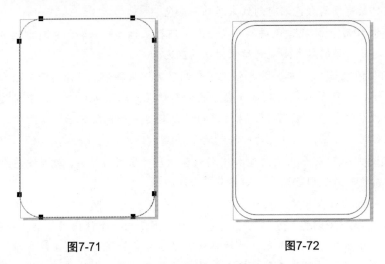

图7-71　　　　　　　　　　　　　图7-72

（4）以同样方法再向内缩小并复制一个圆角矩形，如图7-73所示。

（5）选择最小的圆角矩形，单击属性栏中的【转化为曲线】按钮。

（6）激活工具箱中的【形状工具】，在圆角矩形的边缘上双击并增加节点，调整节点，效果如图7-74所示。

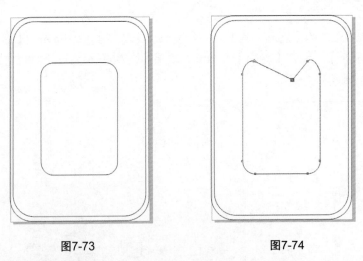

图7-73　　　　　　　　　　　　　图7-74

（7）根据需要继续增加节点并且调整节点，然后将3个矩形图形分别命名为A、B、C，效果如图7-75所示。

（8）激活工具箱中的【调和工具】，在其属性栏中将【调和对象】设置为5，从图形C拖动到图形B，效果如图7-76所示。

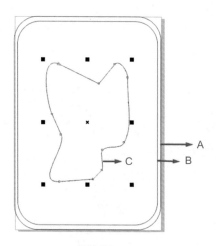

图7-75

图7-76

（9）选取图形B（注意不要将图形A选上，步数可适当增加），激活工具箱中的【调和工具】，从图形B拖动到图形A，效果如图7-77所示。

（10）激活工具箱中的【交互式填充工具】，选取图形C，设置其【填充】为橘色（R：249，G：191，B：0），填充效果如图7-78所示。

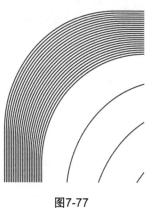

图7-77

图7-78

（11）同样方法，选取图形B，设置其【填充】为橘色（R：249，G：191，B：0），填充效果如图7-79所示。

（12）同样方法，选取图形A，设置其【填充】为橘色（R：249，G：191，B：0），激活【轮廓笔工具】，设置其【轮廓】为无，效果如图7-80所示。

（13）激活工具箱中的【椭圆形工具】，绘制一个椭圆形，在椭圆内再绘制一个小椭圆形态，如图7-81所示。

（14）激活工具箱中的【调和工具】，从小椭圆拖动到大椭圆，将属性栏中的【调和对象】设置为5，效果如图7-82所示。

（15）选择小椭圆，设置其【填充】为橘色（R：249，G：191，B：0），选择大椭圆并设置其【填充】为橘色（R：249，G：30，B：0），【轮廓线】设置为无，效果如图7-83所示。

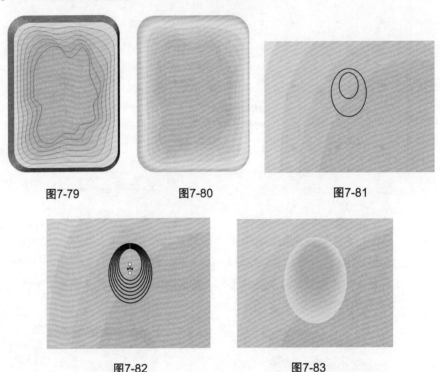

图7-79　　　　　　　　图7-80　　　　　　　　图7-81

图7-82　　　　　　　　　图7-83

（16）激活工具箱中的【椭圆形工具】○，绘制一个小椭圆，设置其【填充】为橘色（R：151，G：69，B：55），此时芝麻的形态制作完成，并将所有椭圆形状一同选取，单击属性栏中的【组合对象】按钮，效果如图7-84所示。

（17）选取芝麻形状，按住Ctrl键，按住鼠标左键向右移动一定位置，按下鼠标右键复制一个对象，再连续按Ctrl+D快捷复制，则一排芝麻完成，复制两个芝麻形状为第二排，将两排一同选取并复制，完成效果如图7-85所示。

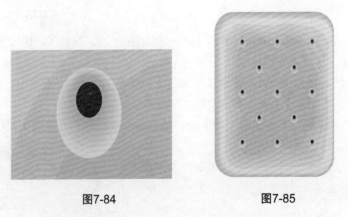

图7-84　　　　　　　　　图7-85

（18）激活工具箱中的【矩形工具】□，在画面中绘制一个矩形，如图7-86所示。

（19）激活工具箱中的【交互式填充工具】◇，并选择【图案填充】，在图案填充对话框中选择【更多】选项，如图7-87所示。

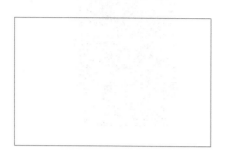

图7-86

图7-87

（20）在弹出的【双色图案编辑器】中绘制图案效果（如果绘制错误可以单击鼠标右键擦除），如图7-88所示。

（21）编辑后单击【确定】按钮返回填充图案对话框，在预设图框中，如图7-89所示，可以看到刚才编辑的新图形，设定【前景】颜色填充为深蓝色。

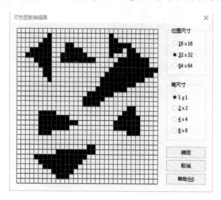

图7-88

图7-89

（22）单击【确定】按钮，填充图案后的效果如图7-90所示。

（23）将制作好的饼干放置在底纹上并调整角度，效果如图7-91所示。

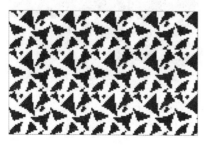

图7-90

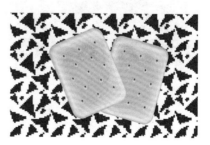

图7-91

（24）激活工具箱中的【矩形工具】□，绘制一个比饼干大一点的矩形，激活【形状工具】，将其更改为圆角矩形，设置其【填充】为深蓝色（R：47，G：49，B：139），效果如图7-92所示。

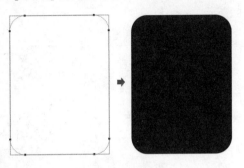

图7-92

（25）将图形调整角度放置在饼干的下面，效果如图7-93所示。

（26）激活工具箱中的【矩形工具】□，在图中相应位置绘制一个矩形，并设置其【填充】为红色（R：230，G：33，B：41），效果如图7-94所示。

图7-93

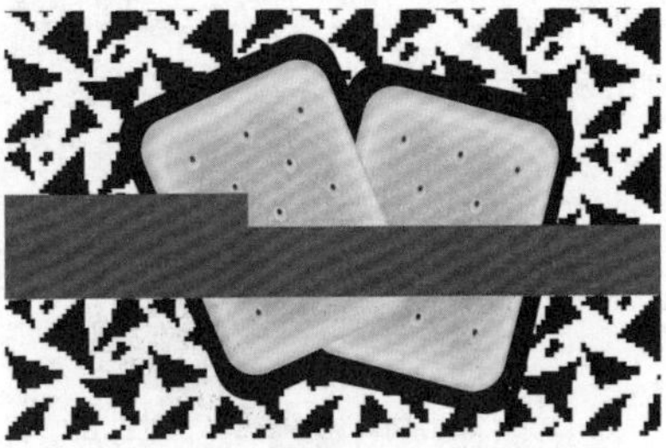

图7-94

（27）激活工具箱中的【手绘工具】，在图中相应位置绘制一条装饰线，效果如图7-95所示。

（28）激活工具箱中的【文字工具】，选择合适字体，在图中相应位置输入英文并调整大小，效果如图7-96所示。

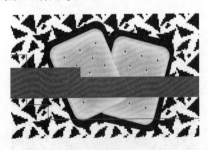

图7-95

图7-96

（29）激活工具箱中的【交互式填充工具】，并选择【渐变填充】选项，单击属性栏上的【渐变填充】按钮，在图形上拖动，设置其【填充】为蓝色（R：104，G：193，B：172）到蓝色（R：255，G：255，B：255）的线性渐变，效果如图7-97所示。

（30）输入另外两组英文，调整字体、大小和色彩并确认在图中相应位置，效果如图7-98所示。

图7-97

图7-98

（31）激活工具箱中的【多边形工具】◯，在弹出的如图7-99所示对话框中将属性栏中的【点数或边数】设置为3。

（32）绘制三角形并调整角度，填充为红色，按Ctrl键向右移动一定位置，按下鼠标右键复制一个三角形，效果如图7-100所示。

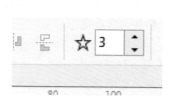

图7-99

图7-100

（33）连续按Ctrl+D快捷键复制出一排，效果如图7-101所示。

（34）在包装的底部复制一排三角形。包装的盒面效果制作完成，效果如图7-102所示。

图7-101

图7-102

7.3.3　酒包装案例解析

本案例讲解酒包装中的酒瓶（A）以及酒瓶外包装（B）两部分，此款包装在设计过程中主要

分解网状填充工具及线形渐变工具的运用技巧，注重突出酒瓶的优美，将酒瓶以及其外包装颜色完美搭配，效果如图7-103所示。

A   B

图7-103

1. 酒瓶设计

所用工具

⬭ **渐变填充工具** ◢：渐变式填充是利用两种或几种颜色按照一定步长的梯度变化来为对象创建特殊填充效果的方法之一。它使对象具有很强的层次感和质感。

CorelDRAW X8中的渐变式填充有以下两种类型。

⬭ **双色渐变填充**：只有两种颜色，将一种颜色直接与另一种颜色进行调和，从而产生渐变效果。

⬭ **自定义渐变填充**：也叫多色渐变，允许创建多种颜色的层叠或者通过改变填充的方向、添加中间色或改变填充角度来自定义渐变填充。

设计过程

（1）激活工具箱中的【贝塞尔工具】◢，在画面中绘制半只酒瓶的形状，绘制过程中可用【形状工具】⬭调整线节点和手柄使线条流畅，如图7-104所示。

（2）调整好后，激活工具箱中的【选择工具】⬭，按住Ctrl键拖动左边中间的手柄，向右翻转并按鼠标右键复制，得到另半只瓶体图形。向左移动一点距离，使得两个图形一小部分重合，效果如图7-105所示。

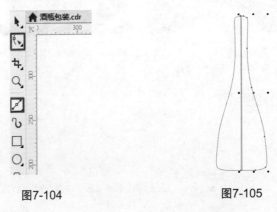

图7-104   图7-105

（3）将两个图形一同选取，然后单击属性栏中的【合并】按钮，效果如图7-106所示。

（4）激活工具箱中的【贝塞尔工具】，如图7-107所示在瓶体左侧相应位置绘制高光部分图形。

图7-106　　　　　　　　图7-107

（5）如图7-108所示，再在瓶体右侧绘制反光部分。

（6）在瓶口处用绘制瓶体的办法（先绘制一半后，复制并将其焊接）绘制瓶盖图形，为了便于区分形态，特意将瓶盖的线条改为了红色，效果如图7-109所示。

（7）如图7-110所示，在瓶体的下部绘制酒标图形。

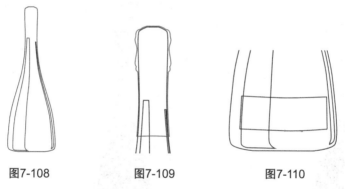

图7-108　　　　图7-109　　　　图7-110

（8）选取瓶体图形，激活工具箱中的【交互式填充工具】，在其属性栏中选择【渐变填充】选项，设置其【填充】为褐色（R：86，G：5，B：12）到深褐色（R：56，G：33，B：34）的线性渐变，如图7-111所示。

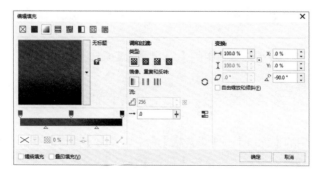

图7-111

（9）单击【确定】按钮，瓶体填充渐变色的效果如图7-112所示。

（10）选取高光图形，填充为白色，效果如图7-113所示。

图7-112　　　　　　　　　　　　　　图7-113

（11）执行【效果】→【透镜】命令，在如图7-114所示对话框中，设置其【透明度】→【比率】为80%。

（12）选取另一个反光图形，设置其【透明度】→【比率】为40%，如图7-115所示。

图7-114　　　　　　　　　　　　　　图7-115

（13）激活【轮廓工具】，将瓶体、高光和反光图形的轮廓线设置为【无】，效果如图7-116所示。

（14）选取瓶体图形，激活工具箱中的【网状填充工具】⌗，如图7-117所示，在瓶体图形上面会出现纵横的经纬线。

（15）双击图7-118中红色圆圈经线和纬线，分别添加两条经线和一条纬线（用红色强调的线）。

（16）执行菜单栏中的【窗口】→【调色板】命令，调出【调色板编辑器】，如图7-119所示。

（17）在调色板编辑器对话框中，执行【设置填充色】命令。

图7-116

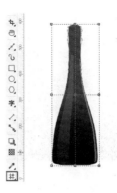

图7-117

图7-118

图7-119

（18）如图7-120所示，单击【添加颜色】按钮，在【选择颜色】对话框中选择如图7-121所示颜色，单击【确定】按钮即可。

图7-120

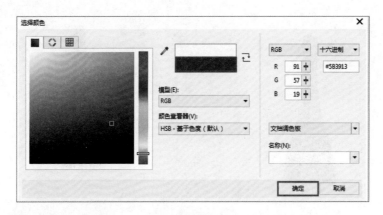

图7-121

（19）如图7-122所示，在调色板中显示的色块就是刚刚创建的颜色。

（20）单击经纬线分割出的中间的一块区域，如图7-123所示。填充刚才编辑的色彩，效果如图7-124所示。

图7-122　　　　　　　　　图7-123　　　　　　　　　图7-124

（21）选取瓶盖图形，激活工具箱中的【刻刀工具】，在如图7-125所示位置做水平切割，将瓶盖分成了上下两个部分。

图7-125

（22）选取瓶盖上半部分，激活工具箱中的【交互式填充工具】 ，在其属性栏上选择【双色图样填充】 选项，然后单击【编辑填充】 按钮，在其对话框中设置如图7-126所示参数。

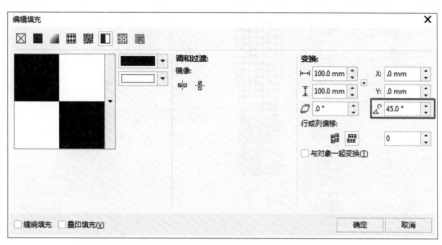

图7-126

（23）图样填充后的效果如图7-127所示。

（24）将图形复制并粘贴，并将复制的图形设置其【填充】为黑色，效果如图7-128所示。

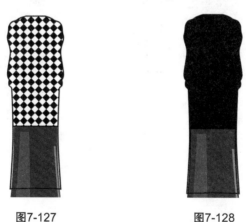

图7-127   图7-128

（25）激活工具箱中的【透明度工具】 ，如图7-129所示，从左到右拖出透明度效果，然后单击属性栏中的【渐变透明度】 按钮，选择【线性渐变透明度】模式，再单击【编辑透明度】 按钮。

（26）在渐变透明度对话框中设置其渐变参数依次为浅灰（R：155，G：171，B：167）、黑（R：45，G：46，B：55）、黑（R：45，G：46，B：55）、浅灰（R：155，G：171，B：167），如图7-130所示。

（27）编辑透明度后的效果如图7-131所示（两边是分别放置在白色和红色底色上的图形透明度效果，以便于观察）。

图7-129

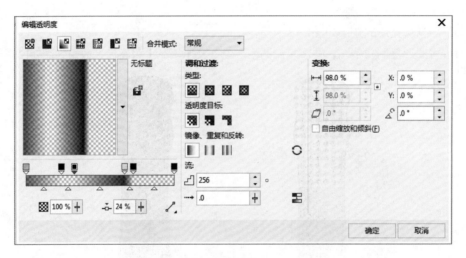

图7-130

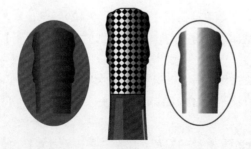

图7-131

（28）复制添加透明度效果的图形（Ctrl+C、Ctrl+V），将复制图形【渐变透明度】参数依次设置为浅灰（R：155，G：171，B：167）、黑（R：45，G：46，B：55）、黑（R：45，G：46，B：55）、浅灰（R：155，G：171，B：167）、黑（R：45，G：46，B：55）、黑（R：45，G：46，B：55）、浅灰（R：155，G：171，B：167）、黑（R：45，G：46，B：55）、黑（R：45，G：46，B：55）、单击【确定】按钮，如图7-132所示。

（29）单击【确定】按钮，编辑透明度后的效果如图7-133所示。

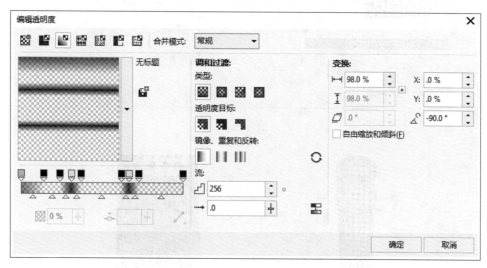

图7-132

图7-133

（30）选取瓶盖下半部分，设置【渐变填充】参数依次为浅灰（R：155，G：171，B：167）、黑（R：45，G：46，B：55），单击【确定】按钮，如图7-134所示。

（31）单击【确定】按钮，渐变填充效果如图7-135所示。

（32）输入说明性文字，调整字体和大小，再添加一个圆形的简单图标，如图7-136所示。

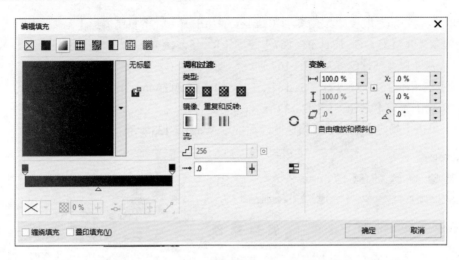

图7-134

图7-135

图7-136

（33）激活工具箱中的【透明度工具】▨，如图7-137所示将文字制作透明度效果。

（34）选取酒标图形，按住Shift键加选瓶盖下半部分，激活工具箱中的【交互式填充工具】◈，选择【渐变填充】◢，并直接单击【确定】按钮即可（酒标加载瓶盖下半部分渐变效果），效果如图7-138所示。

图7-137

图7-138

（35）如图7-139所示，输入文字，设置字体、字号、颜色，调整位置及大小。

（36）激活工具箱中的【箭头形状工具】⇨，在酒标左上角绘制一个箭头图形并填充为红色，将其【轮廓线】设置为【无】，效果如图7-140所示。

图7-139　　　　　　　　　　　　图7-140

2. 酒标与外包装设计

（1）激活工具箱中的【贝塞尔工具】，绘制半个酒瓶子的形态，在绘制过程中可通过使用【形状工具】，调整节点及曲线形态，使之线条自然流畅，效果如图7-141所示。

（2）按住Ctrl键，向左移动图形，单击鼠标右键复制，然后在属性栏中单击【水平镜像】按钮，调整位置，效果如图7-142所示（该过程与第一个案例不同，但有异曲同工之妙用）。

（3）将两个对象一同选取，如图7-143所示，单击属性栏中的【合并】按钮即可。

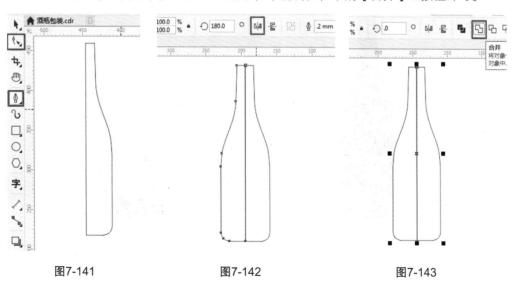

图7-141　　　　　　　图7-142　　　　　　　图7-143

（4）激活工具箱中的【交互式填充工具】，在其属性栏中选择【均匀填充】■选项，设置其【填充】为深紫色，如图7-144所示。

（5）激活工具箱中的【网状填充工具】，此时酒瓶图形上面会出现如图7-145所示蓝（红）色的经纬线。

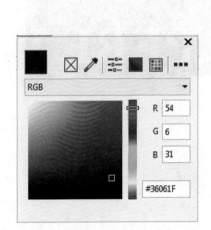

图7-144

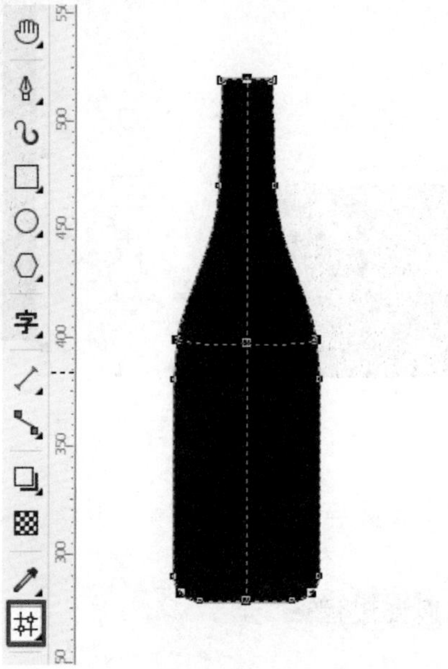

图7-145

（6）在纬线的右侧双击，插入3条经线，效果如图7-146所示。

（7）如图7-147所示，在界面左下角【文档调色板】上面双击，弹出如图7-148所示对话框。

图7-146

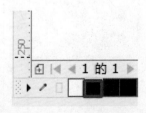

图7-147

图7-148

（8）在【调色板编辑器】对话框中单击【添加颜色】按钮，弹出如图7-149所示对话框，并设置其【填充】为香芋紫色，单击【确定】按钮，完成编辑颜色，如图7-150所示，单击【确定】按钮即可。

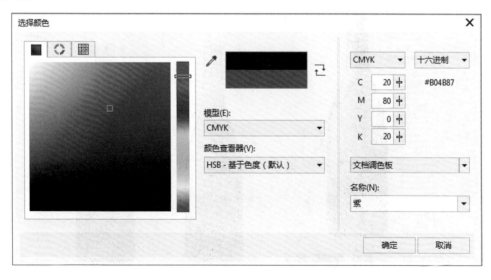

图7-149

图7-150

（9）单击如图7-151所示位置，然后单击刚才设置的颜色即可填充颜色。

（10）在纬线的左侧双击，插入6条经线，效果如图7-152所示。

（11）分别在如图7-153所示的两个位置填充刚才设置的颜色。

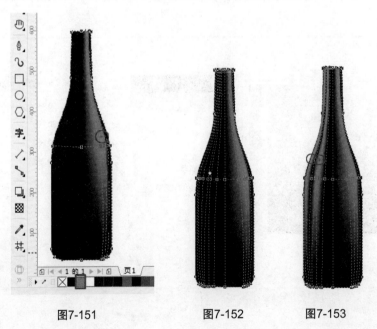

图7-151   图7-152   图7-153

（12）在纬线的上方，如图7-154所示，插入3条纬线。

（13）单击如图7-155所示位置并填充为白色。

图7-154　　　　　　　　　　图7-155

（14）单击如图7-156所示位置，填充为白色，这样就创建两处高光效果，葡萄酒瓶【网状填充】后的整体效果如图7-157所示。

图7-156　　　　　　　　图7-157

（15）复制酒瓶，然后在【网状填充工具】相应属性栏中单击【清除网状】按钮即可，如图7-158所示对比效果。

图7-158

（16）将复制的图形填充为白色。激活工具箱中的【贝塞尔工具】✎，绘制一个如图7-159所示形状的图形。

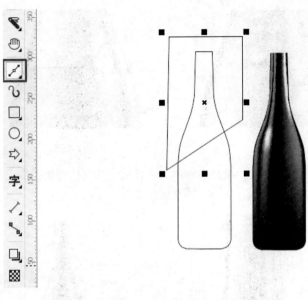

图7-159

（17）先选取手绘图形，按住Shift键加选酒瓶图形，然后单击如图7-160所示属性栏中的【修剪】按钮即可。

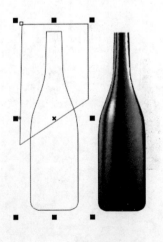

图7-160

（18）将修剪后的图形放置在如图7-161所示酒瓶位置，然后激活工具箱中的【透明度工具】▨。

（19）按住鼠标左键，如图7-162所示，从右向左拖出渐变透明效果。

图7-161　　　　　　　　　　图7-162

（20）激活工具箱中的【贝塞尔工具】✏，在瓶口位置绘制一个如图7-163所示图形。

图7-163

（21）激活工具箱中的【交互式填充工具】◇，在属性栏中单击【编辑填充】◢按钮，在弹出的对话框中，设置其参数依次为黑（R：45，G：46，B：55）、黑（R：45，G：46，B：55）、浅灰（R：155，G：171，B：167）、黑（R：45，G：46，B：55），如图7-164所示。

（22）单击【确定】按钮，效果如图7-165所示。

（23）激活工具箱中的【矩形工具】▢，在如图7-166所示位置绘制一个矩形。

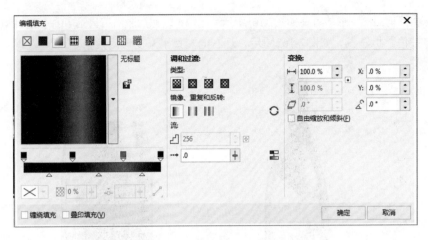

图7-164

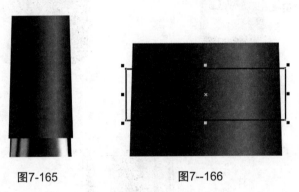

图7-165　　　　　　　　　　图7--166

（24）激活工具箱中的【形状工具】 ，拖动矩形4个角的节点，将矩形转变为圆角矩形，效果如图7-167所示。然后将该矩形复制一个备用。

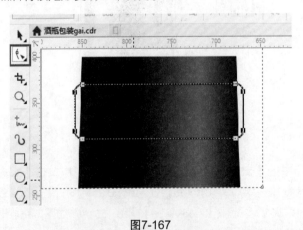

图7-167

（25）在圆角矩形上面绘制一个比圆角矩形窄而长的矩形，如图7-168所示。先选取矩形，按住Shift键加选圆角矩形，再单击属性栏中的【修剪】 按钮即可完成修剪。

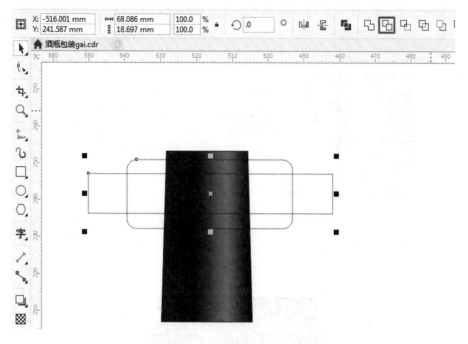

图7-168

（26）删除矩形，为观察方便，特意将被修剪过的圆角矩形轮廓线设置为红色，如图7-169所示，选取被修剪过的红色图形，执行属性栏中的【拆分】 🔀 命令。

（27）如图7-170所示，为了方便说明，将拆分出的两个图形，分别命名为a和b，同时将圆角矩形填充案例第（21）步编辑的渐变色。

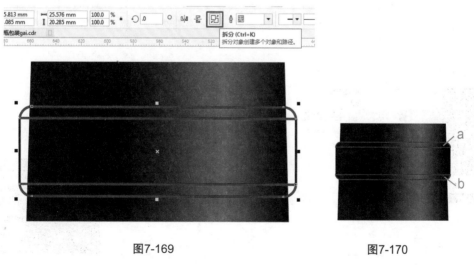

图7-169　　　　　　　　　　　　　　　　图7-170

（28）选取图形a，激活工具箱中的【交互式渐变填充】 🖌️ ，将其参数依次设置为黑（R：45，

G：46，B：55）、黑（R：45，G：46，B：55）、浅灰（R：155，G：171，B：167）、黑（R：45，G：46，B：55），如图7-171所示，删除轮廓线后，效果如图7-172所示。

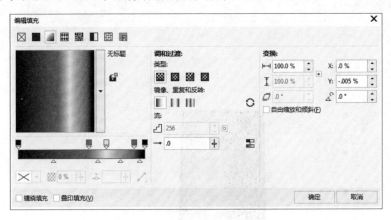

图7-171

图7-172

（29）选取图形b，激活工具箱中的【交互式渐变填充】 ◇ ，将其参数依次设置为浅灰（R：155，G：171，B：167）、黑（R：45，G：46，B：55）、黑（R：45，G：46，B：55）、浅灰（R：155，G：171，B：167），如图7-173所示。删除轮廓线后，效果如图7-174所示。

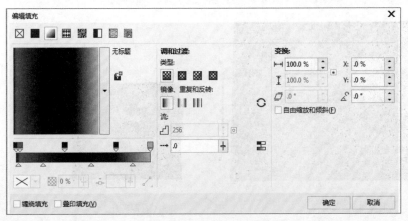

图7-173   图7-174

（30）制作酒瓶标贴，包括上标与下标两部分，先看一下最终效果，如图7-175所示。

（31）激活工具箱中的【贝塞尔工具】，先绘制半个酒标图形，效果如图7-176所示。

（32）利用制作瓶身方法复制该图形并镜像，拼接后将其合并成一个完整的酒标形态，效果如图7-177所示。

（33）按住Shift键，拖动边角的锚点向内收缩一定距离，并单击鼠标右键将其复制，调整边距后，效果如图7-178所示。

图7-175

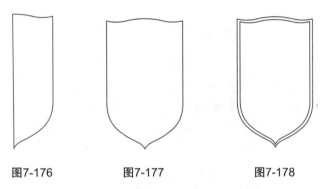

图7-176   图7-177   图7-178

（34）单击菜单栏中的【窗口】按钮，选择【泊坞窗】中的【对象属性】选项，如图7-179所示，设置内图形【轮廓宽度】为1.5mm。

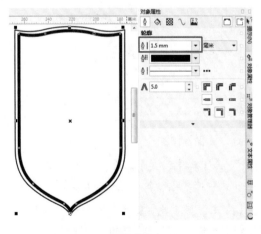

图7-179

（35）选择外图形，激活【交互式填充工具】，在其属性栏中选择【渐变填充】选项，将其参数依次设置为淡橘色（R：235，G：197，B：136）、白色（R：255，G：255，B：255）、淡橘色（R：235，G：197，B：136）、白色（R：255，G：255，B：255），如图7-180所示。删除轮廓线，效果如图7-181所示。

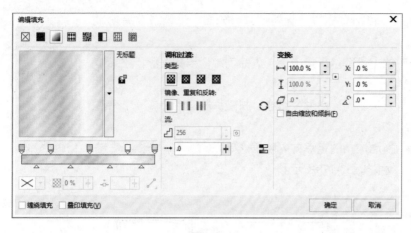

图7-180

图7-181

（36）选择内图形，执行【对象】→【将轮廓转换为对象】命令。激活【交互式填充工具】 ↘ →【渐变填充】 ◢ ，将其参数依次设置为土黄色（R：171，G：109，B：52）、白色（R：255，G：255，B：255）、土黄色（R：171，G：109，B：52）、白色（R：255，G：255，B：255），如图7-182所示，单击【确定】按钮，最后效果如图7-183所示。

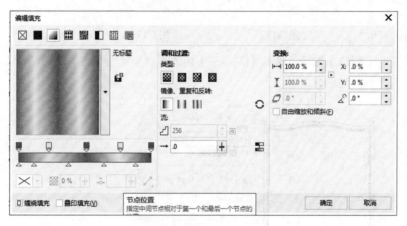

图7-182

图7-183

（37）执行菜单栏中的【文件】→【导入】命令，选择"第7章→素材→花卉图案.cdr"文件，单击【导入】按钮，导入素材，将其作适当调整，并放置在图形的下方，效果如图7-184所示。

（38）激活工具箱中的【文本工具】 ，输入相应的文字，根据设计需要，调整相应字体和颜色，下标制作完成，调整其在瓶体上位置，效果如图7-185所示。

（39）下面开始制作上标。激活工具箱中的【矩形工具】 ，在如图7-186所示位置绘制一个矩形，并填充案例第35步所编辑的渐变色。

（40）在矩形上下两个位置分别绘制矩形并填充案例第36步所编辑的渐变色，效果如图7-187所示。

图7-184　　　　　　　　图7-185

图7-186　　　　　　　　图7-187

（41）激活工具箱中的【椭圆形工具】○，按住Ctrl键绘制一个正圆，填充案例第35步所编辑的渐变色，并将【轮廓线】设置为无，效果如图7-188所示。

（42）在圆形上面再绘制一个同心圆，如图7-189所示。将两个圆一同选取，在属性栏中单击【合并】按钮，即可形成圆环。

图7-188　　　　　　　　图7-189

（43）选择该圆环，填充案例第（36）步所编辑的渐变色，并将【轮廓线】设置为无，效果如图7-190所示。

（44）选择该圆环，按住Shift键，拖动边角的锚点向内收缩一定距离，并单击鼠标右键将其复制为内圆环，效果如图7-191所示。

图7-190

图7-191

（45）紧贴内圆环的内侧绘制一个圆形，效果如图7-192所示。

（46）执行菜单栏中的【文件】→【导入】命令，选择"第7章→素材→葡萄.cdr"文件，单击【导入】按钮，导入素材，然后执行菜单栏中的【对象】→【图像精确剪裁】→【置于图文框内部】命令，将其置于圆形中，然后删除外框，效果如图7-193所示。上标制作完成，葡萄酒整体效果如图7-194所示。

图7-192

图7-193

图7-194

（47）下面制作外包装盒。首先制作包装盒的正面。激活工具箱中的【矩形工具】□，绘制一个略高于酒瓶的长方形，并将其参数设置为深紫色（R：65，G：36，B：51），效果如图7-195所示。

（48）激活工具箱中的【贝塞尔工具】✎，绘制一个不规则图形并填充案例第（35）步所编辑的渐变色，效果如图7-196所示。

（49）选取该图形，按住Ctrl键向下移动一定距离并单击鼠标右键，复制后并将其参数设置为浅橘色（R：251，G：227，B：193），使其上端露出部分作为装饰线，效果如图7-197所示。

（50）激活工具箱中的【形状工具】✎，选取复制的图形左、右下角两个节点，按住Ctrl键向上移动一定距离，使其下端露出部分作为装饰线，效果如图7-198所示。

图7-195　　　　　　　　　　　　　　图7-196

图7-197　　　　　　　　　　　　　　图7-198

（51）选取金色填充图形，按住Ctrl键向下移动一定距离按鼠标右键复制。激活工具栏中的【形状工具】，选取图形左、右下角两个节点，按住Ctrl键向上移动一定距离，露出一段深紫色部分作为装饰线，效果如图7-199所示。此时经过复制形成三层，其关系如图7-200所示。

（52）执行菜单栏中的【文件】→【导入】命令，选择"第7章→素材→花边.cdr"文件，单击【导入】按钮，放置在如图7-201所示位置。

（53）复制酒标上面的文字，放置在如图7-202所示位置。

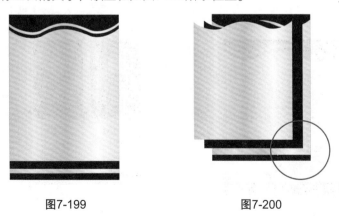

图7-199　　　　　　　　　　　　　　图7-200

图7-201

图7-202

（54）将花卉素材图形按Ctrl+C复制，调整大小并将其放置在包装盒的上半部分，效果如图7-203所示。

（55）按Ctrl+C快捷键复制酒标的上标，调整位置，效果如图7-204所示。包装盒正面部分设计完成，效果如图7-205所示。

图7-203

图7-204

图7-205

（56）制作包装盒的侧面部分。复制包装盒正面图，将其中文字部分删除，绘制一个文本框，输入介绍葡萄酒的相关文字，效果如图7-206所示。

（57）分别选取包装盒的正面图和包装盒侧面图，如图7-207所示，执行属性栏中的【组合对象】命令，群组后使其自成一体。

图7-206

图7-207

（58）选取包装盒的正面，执行菜单栏中的【效果】→【添加透视】命令，调整其透视关系，效果如图7-208所示。

（59）选取包装盒侧面，执行【对象】→【转换为曲线】命令（因为包含文本部分，文本字不能添加透视点，转换为曲线后可以添加），调整其透视关系，效果如图7-209所示。

（60）如图7-210所示，绘制一个矩形，将其参数设置为深紫色（R：65，G：36，B：51）。

图7-208　　　　图7-209　　　　　　　图7-210

（61）尝试调整包装盒侧面的颜色，使包装盒看上去更具立体感，效果如图7-211所示（通过更换色彩与重新编辑渐变色即可完成）。最终效果如图7-212所示。

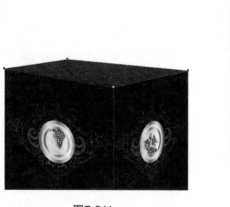

颜色加深

图7-211　　　　　　　　图7-212

第8章

书籍装帧设计

8.1 书籍封面设计概述

书籍封面设计是书籍装帧的重要组成部分，犹如音乐的序曲，是把读者带入内容的向导。在设计之余，感受设计带来的魅力，感受设计带来的烦忧，感受设计的欢乐。封面设计需要遵循平衡、韵律与调和的造型规律，突出主题，大胆设想，运用构图、色彩、图案等知识，设计出比较完美、典型，富有情感的封面，提高设计应用的能力。封面设计的成败取决于设计定位。要做好前期的客户沟通，具体内容包括封面设计的风格定位、企业文化及产品特点分析、行业特点定位、画册操作流程、客户的观点等，它们都可能影响封面设计的风格，所以说，好的封面设计一半来自于前期的沟通，才能体现客户的消费需要，为客户带来更大的销售业绩。

8.1.1 常见书籍封面的主要形式

常见的封面设计包括企业封面设计、产品封面设计、企业形象封面设计、宣传封面设计、画册封面设计、医院封面设计、药品封面设计、食品杂志封面设计、IT企业封面设计、房地产杂志封面设计、服装杂志封面设计、学校封面设计、招商封面设计、企业画册年报设计等。

1. 企业封面设计

企业封面设计应该从企业自身的性质、文化、企业理念、地域等方面出发，来体现企业的精神，如图8-1所示。

2. 产品封面设计

产品封面的设计着重从产品本身的特点出发，分析出产品要表现的属性，运用恰当的表现形式和创意来体现产品的特点。这样才能增加消费者对产品的了解，进而增加产品的销售，如图8-2所示。

3. 宣传封面设计

这类的封面设计根据用途不同，会采用相应的表现形式来体现此次宣传的目的。用途大致分为展会宣传、终端宣传、新闻发布会宣传等，如图8-3所示。

4．画册封面设计

画册的封面设计是画册内容、形式、开本、装订、印刷后期的综合体现。好的画册封面设计要从全方位出发，如图8-4所示。

图8-1　　　　　　　　　　　　　　　图8-2

图8-3　　　　　　　　　　　　　　　图8-4

5．食品杂志封面设计

食品杂志封面设计要从食品的特点出发，来体现视觉、味觉等特点，诱发消费者的食欲，达到购买欲望，如图8-5所示。

6．房地产杂志封面设计

房地产杂志封面设计一般根据房地产的楼盘销售情况做相应的设计，如开盘用、形象宣传用、楼盘特点用等。此类封面设计要求体现时尚、前卫、和谐和人文环境等，如图8-6所示。

7．服装杂志封面设计

服装杂志封面设计更注重消费者档次、视觉、触觉的需要，同时要根据服装的类型风格不同，设计风格也不尽相同，如休闲类、工装类等，如图8-7所示。

图8-5

图8-6

图8-7

8.1.2　书籍装帧的封面设计要素

　　书籍装帧设计是指从书籍文稿到成书出版的整个设计过程，也是完成从书籍形式的平面化到立体化的过程，它包含了艺术思维、构思创意和技术手法的系统设计。书籍封面的装帧设计是指为书籍设计封面以及装帧视觉的设计，它是装帧艺术的重要组成部分。

　　封面是书籍的主题精神体现，无论书籍的内容是涉及哪一方面的，封面的作用是不变的。它反映的是书籍的主题和书籍的品质，体现的是一本书籍的整体形象，甚至关乎书籍的销售状况。可见，书籍封面与整本书籍至关重要。在设计一本书籍的封面时首先要把握好封面的基本元素，将基本元素完美地体现出来，并在其基础上添加装饰美化元素。

　　书籍封面的基本元素从大的方向来说主要包括文字和图形，色彩也是其中之一，色彩的运用也是根据文字和图形体现的。

1.　书籍封面设计的文字

　　封面上简练的文字，主要是书名（包括丛书名、副书名）、作者名和出版社名，这些留在封面上的文字信息，在设计中起着举足轻重的作用。

　　在设计过程中，为了丰富画面，可重复书名、加上拼音或外文书名，或目录和适量的广告语。有时为了画面的需要，在封面上也可以不安排作者名与出版社名，让它们出现在书脊和扉页上，封面只留下不可缺少的书名。说明文（出版意图、丛书的目录、作者简介）责任编辑、装帧设计者名、书号定价等，则根据设计需要安排在勒口、封底和内页上。充满活力的字体何尝不是根据书籍的体裁、风格、特点而定，字体的排列同样像广告设计构图中所讲述的，把它们视为点、线、面来进行设计，有机地融入画面结构中，参与各种排列组合和分割，产生趣味新颖的形式，让人感到言有尽而意无穷，如图8-8所示。

2.　书籍封面设计的图形

　　封面上的图形，包括摄影、插图和图案，有写实的，有抽象的，还有写意的。具体的写实手法应用在少儿的知识读物、通俗读物和某些文艺、科技读物的封面设计中较多。因为少年儿童和文化程度低的读者对于具体的形象更容易理解。而科技读物和一些建筑、生活用品之类画册封面运用具象图片，就具备了科学性、准确性和感人的说服力。有些科技、政治、教育等方面的书籍封面设计，有时很难用具体的形象去提炼表现，可以运用抽象的形式表现，使读者能够意会到其中的含义，得到精神感受，如图8-9所示。

图8-8　　　　　　　　　　　　　　图8-9

在文学的封面上大量使用"写意"的手法，不只是具象和抽象形式那样提炼原著内容的"写意"，而是似像非像的形式去表现。中国画中有写意的手法，着重于抓住形和神的表现，以简练的手法获得具有气韵的情调和感人的联想。有人把自然图案的变化方法也称为"写意变化"，在简练的自然形式基础上，发挥想象力，追求形式美的表现，进行夸张、变化和 组合。而运用写意手法作为封面的形象，会使封面的表现更具象征意义和艺术的趣味性。

以上是书籍装帧中封面设计的两个主要构成元素，两者相辅相成，构成整个封面的画面，其中，那些具有写意的中外古今图案，在体现民族风格和时代特点上也起着很大的作用。

8.2　装帧设计案例解析

8.2.1　书籍刊物封面设计

本案例讲解书籍刊物封面设计，该封面在设计过程中以书名文字为主体，将不规则图形"千纸鹤"作为视觉主体与之相结合，起强调作用。色彩搭配明快和谐，整体表现出时代感，效果如图8-10所示。

图8-10

（1）激活工具箱中的【矩形工具】□，绘制一个【宽度】为280，【高度】为280的矩形，设置其【填充】为深绿色（R：3，G：154，B：126），【轮廓】设置为无，效果如图8-11所示。

（2）激活工具箱中的【交互式填充工具】❧，单击属性栏中的【编辑填充】❖按钮，设置图8-12所示渐变色（深绿色（R：3，G：154，B：126）、淡绿色（R：112，G：205，B：187））。

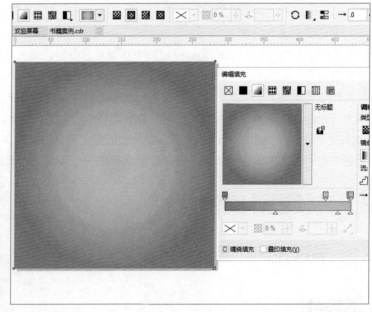

图8-11　　　　　　　　　　　　　　　　图8-12

（3）单击深绿色矩形，按住Ctrl键向内缩小并单击鼠标右键复制，然后将【渐变填充】设置更改为淡灰色（R：178，G：178，B：178）。激活工具箱中的【阴影工具】❑，拖动鼠标添加阴影，效果如图8-13所示。

（4）激活工具箱中的【多边形工具】○，在属性栏中设置【点数或边数】为3，同时按Ctrl键绘制一个三角形，设置其【填充】为绿色（R：26，G：198，B：165），【轮廓】设置为无，效果如图8-14所示。

（5）选中三角形，将其移动至左侧并单击鼠标右键复制后，适当缩小，然后适当旋转至合适角度，改变颜色为淡绿色（R：112，G：205，B：187），作为亮部，效果如图8-15所示。

图8-13

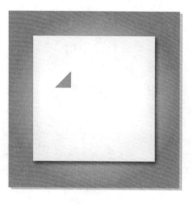

图8-14

图8-15

（6）连续复制多个三角形，并更改为不同的颜色、角度及大小，效果如图8-16所示。

（7）将三角形重新组合成千纸鹤的形状，然后移动至主图中间位置，效果如图8-17所示。

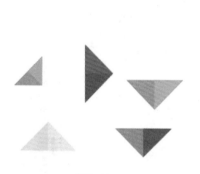

图8-16

图8-17

（8）激活工具箱中的【文字工具】字，输入相关文字，字体为"方正小篆体"，字号为58pt，颜色为黑色，效果如图8-18所示。

（9）激活工具箱中的【文字工具】字，在白色矩形底部居中输入文字，字体为"方正小篆体"，字号为10pt，颜色为黑色，效果如图8-19所示。

图8-18

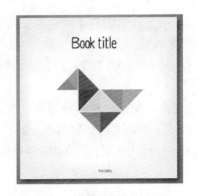

图8-19

（10）激活工具箱中的【文字工具】，在书籍封面底部居中输入文字，字体为Adobe Gothic Std B，字号为10pt，颜色为淡蓝色（R：178，G：178，B：178），效果如图8-20所示。

（11）执行菜单栏中的【文件】→【导入】命令，选择"第8章→素材→标志.eps"文件，单击【导入】按钮，调整素材大小及位置，效果如图8-21所示。

图8-20　　　　　　　　　　　　　　　图8-21

（12）激活工具箱中的【矩形工具】，绘制一个【宽度】为20，【高度】为280的矩形作为书脊，设置其【填充】为淡灰色（R：242，G：242，B：242），【轮廓】设置为无，效果如图8-22所示。

（13）激活工具箱中的【文字工具】，在书脊位置输入文字，字体为"方正小篆体"，字号为24pt，（需要调整文字方向时可按Ctrl+将文本方向更改为垂直方向），设置其为黑色，效果如图8-23所示。

图8-22

图8-23

（14）选中整个正面，将其向左平移并复制，效果如图8-24所示。

（15）选中正面千纸鹤图形，后向左平移并复制，按Ctrl键将其放大，执行菜单栏中的【对象】→【图像精确剪裁】→【置于图文框内部】命令，将图像置入矩形内部，效果如图8-25所示。

图8-24

图8-25

（16）选中正面千纸鹤图形，激活工具箱中的【透明度工具】▨，将节点透明度更改为49，改变千纸鹤透明度，效果如图8-26所示。

（17）激活工具箱中的【文字工具】，在书籍封面底部居中输入文字，设置字体为"方正小篆体"，字号为18pt，颜色为黑色，效果如图8-27所示。

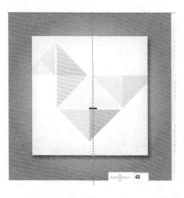

图8-26

图8-27

（18）选中书籍正面文字，将其移动至左侧并复制形成对称，效果如图8-28所示。

图8-28

（19）封面最终效果如图8-29所示。

图8-29

8.2.2 卡通书籍封面设计

本案例讲解卡通书籍封面设计，该封面在创作过程中注重卡通形象的创作手法，强调色彩的运用，力求色彩与造型搭配明快和谐，效果如图8-30所示。

（1）激活工具箱中的【矩形工具】▢，绘制一个【宽度】为280，【高度】为280的矩形，设置其【填充】为浅蓝色（R：154，G：180，B：252），【轮廓】设置为无，效果如图8-31所示。

图8-30

图8-31

（2）激活工具箱中的【基本形状工具】，如图8-32所示，在其属性栏中选择【心形图形】，【轮廓】设置为无，颜色填充为白色，效果如8-33所示。

（3）选中【心形图形】，执行菜单栏中的【位图】→【转换为位图】命令，如图8-34所示，单击【确定】按钮即可。

图8-32   图8-33

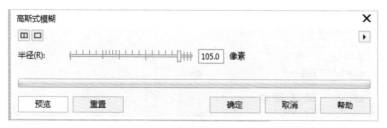

图8-34

（4）再次选中【心形图形】，执行菜单栏中的【模糊】→【高斯式模糊】命令，设置如图8-35所示参数，单击【确定】按钮即可。

图8-35

（5）经过两次处理后，效果如8-36所示。

（6）激活工具箱中的【贝塞尔工具】，在画面中绘制一个兔子的头部形态（先绘制基本形状，然后在绘制完成后使用【形状工具】调整线条和节点），效果如图8-37所示。

（7）执行菜单栏中的【窗口】→【泊坞窗】→【对象属性】命令，将兔子头部形态【轮廓宽度】设置为1.0mm，颜色设置为深蓝色（R：49，G：20，B：82），如图8-38所示。

图8-36

图8-37

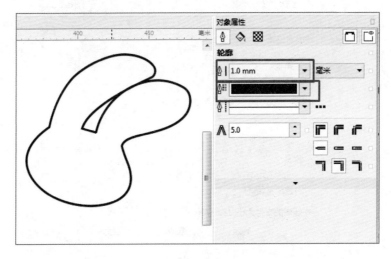

图8-38

（8）激活工具箱中的【交互式填充工具】 ，单击【渐变填充】 按钮，选择【椭圆形渐变填充】 选项，如图8-39所示，将其设置为淡粉色（R：242，G：298，B：216）至白色。

（9）单击【确定】按钮，效果如图8-40所示。

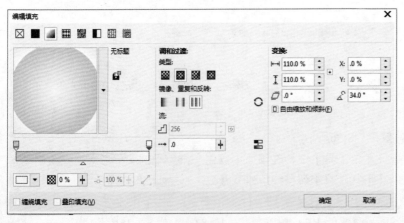

图8-39

图8-40

（10）激活工具箱中的【贝塞尔工具】 ，在兔子脸部上方绘制两个如图8-41所示的形状作为兔子的眼睛，注意调整线条使之圆滑、流畅。

（11）激活工具箱中的【贝塞尔工具】 ，在兔子脸部下方绘制如图8-42所示两个椭圆形。

图8-41　　　　　　　　　　图8-42

（12）选中兔子脸部下方的两个椭圆形，激活工具箱中的【交互式填充工具】 ，选择【均匀填充】 ，将其填充为淡粉色（R：243，G：176，B：203），效果如图8-43所示。

（13）选中两个椭圆形并将其复制，适当缩小后改变其颜色，设置为深粉色（R：243，G：176，B：203），效果如图8-44所示。

图8-43　　　　　　　　　　图8-44

（14）激活工具箱中的【调和工具】 ，如图8-45所示，在其属性栏上设置【调和对象】为20，选择【直接调和】选项。

（15）选择小椭圆向大椭圆拖动，添加调和效果，如图8-46所示。

图8-45　　　　　　　　　　图8-46

（16）激活工具箱中的【贝塞尔工具】，在兔子脸部上方绘制3个不规则形状，注意调整线条使之圆滑、流畅，将其【轮廓宽度】设置为1.0mm，设置轮廓色为深蓝色（R：49，G：20，B：82），效果如图8-47所示。

（17）将3个不规则形状选中，单击属性栏中的【合并】按钮，使其成为一个蝴蝶结形状，效果如图8-48所示。

图8-47 　　　　　　　　　　　　　　　　　　　　图8-48

（18）激活工具箱中的【交互式填充工具】，选择【双色图样填充】，设置如图8-49所示参数。

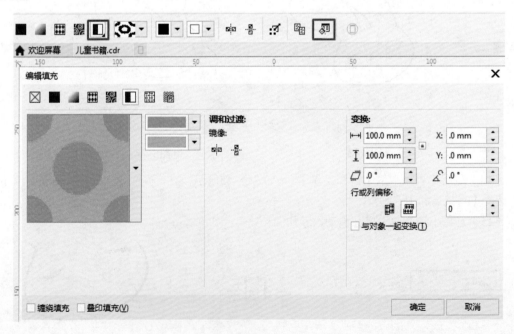

图8-49

（19）单击【确定】按钮，效果如图8-50所示。

（20）激活工具箱中的【贝赛尔工具】 ，绘制兔子身体部分，激活工具箱中的【形状工具】 ，调整线条使之圆滑、流畅，将其【轮廓宽度】设置为1.0mm，设置轮廓色为深蓝色（R：49，G：20，B：82），如图8-51所示。

图8-50

图8-51

（21）激活工具箱中的【交互式填充工具】 ，单击【渐变填充】 按钮，选择【椭圆形渐变填充】 选项，将其参数依次设置为深粉色（R：243，G：176，B：203）、淡粉色（R：242，G：198，B：216），如图8-52所示参数。

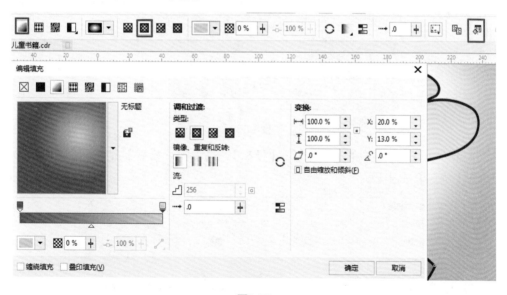

图8-52

（22）单击【确定】按钮即可，效果如图8-53所示。

（23）激活工具箱中的【椭圆形工具】 ，绘制一个圆形装饰，然后激活工具箱中的【交互式填充工具】 ，选择【均匀填充】 ，将其填充为深粉色（R：204，G：73，B：103），效果如图8-54所示。

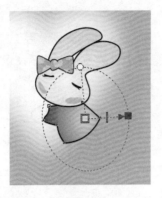

图8-53

图8-54

（24）选中【圆形图形】，执行菜单栏中的【位图】→【转换为位图】命令，如图8-55所示，单击【确定】按钮即可。

图8-55

（25）继续执行菜单栏中的【位图】→【模糊】→【高斯式模糊】命令，设置如图8-56所示参数，单击【确定】按钮即可。

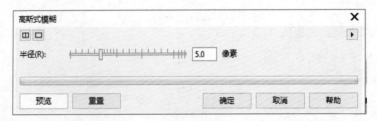

图8-56

（26）两次处理后，效果如图8-57所示。

（27）选中圆形并将其复制多个，均匀放置在裙子下摆作为装饰，效果如图8-58所示，完成后将其群组。

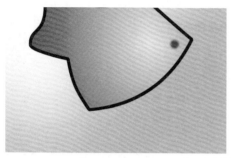

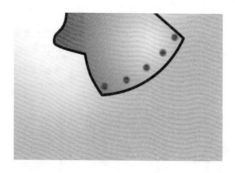

图8-57　　　　　　　　　　　　　图8-58

（28）激活工具箱中的【贝塞尔工具】✎，绘制兔子手和脚部分，激活工具箱中的【形状工具】⬢，调整线条使之圆滑、流畅，将其【轮廓宽度】设置为1.0mm，轮廓色为深蓝色（R：49，G：20，B：82），效果如图8-59所示。

（29）选中兔子手和脚部分，将其群组后激活工具箱中的【交互式填充工具】✎，单击【渐变填充】▱按钮，选择【椭圆形渐变填充】▣选项，将其设置为白色-淡粉色，如图8-60所示参数。

（30）单击【确定】按钮，效果如图8-61所示。

图8-59

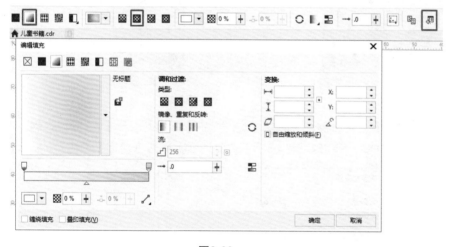

图8-60　　　　　　　　　　　　　　图8-61

（31）激活工具箱中的【贝塞尔工具】✎，绘制一个心形的气球，激活工具箱中的【形状工具】⬢，调整线条使之圆滑、流畅，将其【轮廓宽度】设置为1.0mm，设置轮廓色为绿色（R：49，G：20，B：82），如图8-62所示。

（32）激活工具箱中的【交互式填充工具】✎，单击【渐变填充】▱按钮，选择【椭圆形渐变填充】▣选项，将其参数依次设置为深绿色（R：34，G：137，B：143）、淡绿色（R：130，G：220，B：131），如图8-63所示参数。

图8-62   图8-63

（33）单击【确定】按钮即可，效果如图8-64所示。

（34）激活工具箱中的【贝塞尔工具】，绘制两个不规则图形作为心形图形高光，激活工具箱中的【形状工具】，调整线条使之圆滑、流畅，如图8-65所示。

图8-64   图8-65

（35）将【不规则图形】填充为白色，去除轮廓线，选中【不规则图形】，选择菜单栏中的【位图】→【转换为位图】命令，弹出如图8-66所示的对话框，单击【确定】按钮即可。

转换为位图

分辨率(E)： 300   dpi

颜色

颜色模式(C)： CMYK色（32位）

☐ 递色处理的(D)

☐ 总是叠印黑色(Y)

选项

☐ 光滑处理(A)

☐ 透明背景(T)

未压缩的文件大小: 1.46 MB

确定   取消   帮助

图8-66

（36）再次选中【不规则图形】，选择菜单栏中的【位图】→【模糊】→【高斯式模糊】命令，设置如图8-67所示参数，单击【确定】按钮即可。

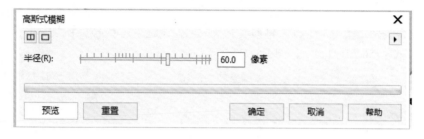

图8-67

（37）单击【确定】按钮，效果如图8-68所示。

（38）调整图层顺序，将气球放置于兔子后面，然后激活工具箱中的【贝塞尔工具】，在气球上面绘制大小、形状、颜色不一的斑点，依照上述方法，将其转换为【位图】，设置其为【高斯式模糊】，如图8-69所示。

图8-68　　　　　　　　　　　　　　　　图8-69

（39）依照上述方法，再次制作多个心形气球，并填充装饰物，效果如图8-70所示。

（40）激活工具箱中的【文字工具】，输入相关文字，设置字体为Cooper Std Black，字号为64pt，颜色为白色，将【轮廓宽度】设置为2.0mm，轮廓色设置为淡粉色（R：245，G：156，B：174），如图8-71所示。

图8-70　　　　　　　　　　　　　　　　图8-71

（41）选中字体，按Ctrl+C、Ctrl+V快捷键将其复制，并将轮廓色设置为白色，完成后将其群组，效果如图8-72所示。

（42）激活工具箱中的【贝塞尔工具】 ，绘制一个翅膀图形，激活工具箱中的【形状工具】 ，调整线条使之圆滑、流畅，将其填充为白色，设置【轮廓宽度】为1.0mm，轮廓色为淡粉色（R：245，G：156，B：174），如图8-73所示。

图8-72　　　　　　　　　　　　　　图8-73

（43）选中翅膀图形，按Ctrl+C、Ctrl+V快捷键将其复制，然后单击属性栏上的【水平镜像】按钮，如图8-74所示。

（44）激活工具箱中的【钢笔工具】 ，绘制一个不规则图形，将其填充为深蓝色（R：57，G：84，B：133），改变图层顺序，将其移动至最底层，效果如图8-75所示。

图8-74　　　　　　　　　　　　　　图8-75

（45）将封面矩形复制一份，并将其图层顺序调整至最底层，激活工具箱中的【交互式填充工具】 ，单击【渐变填充】 按钮，选择【椭圆形渐变填充】 选项，将其参数依次设置为深蓝色（R：100，G：114，B：202）、淡蓝色（R：154，G：180，B：252），如图8-76所示参数。

（46）单击【确定】按钮，效果如图8-77所示。

（47）激活工具箱中的【钢笔工具】 ，绘制一个不规则图形，将其填充为土黄色（R：57，G：84，B：133），效果如图8-78所示。

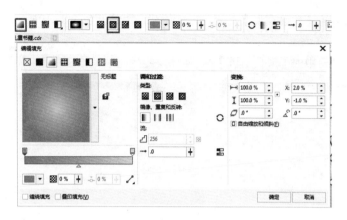

图8-76

图8-77

图8-78

（48）将土黄色不规则图形复制一份，并将其缩小，填充为淡黄色（R：252，G：249，B：237）（为方便观看，在这里将封面移开），如图8-79所示。

（49）激活工具箱中的【调和工具】🖉，将属性栏上的【调和对象】设置为6，选择【直接调和】选项，如图8-80所示。

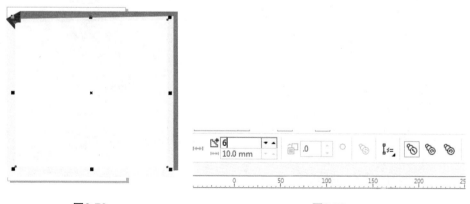

图8-79   图8-80

（50）完成后设置【轮廓宽度】为极细，轮廓颜色为淡紫色（R：196，G：85，B：159），效果如图8-81所示。

（51）激活工具箱中的【形状工具】，鼠标右键单击如图8-82所示图形，并改变其形状。

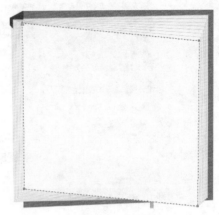

图8-81   图8-82

（52）移回封面图片，选中封面图片，激活工具箱中的【形状工具】，改变其状态，如图8-83所示。

（53）激活工具箱中的【阴影工具】，将其属性栏中的【阴影的不透明度】更改为50，【阴影羽化】更改为15，如图8-84所示。

图8-83   图8-84

第9章
用户界面（UI）设计

9.1 用户界面（UI）设计概述

　　UI是User Interface的简称，其中文名是用户界面，泛指用户的操作界面。在智能设备、手机以及各类触控设备流行的时代，不同风格的UI界面快速流行，它对软件的人机交互、操作逻辑、界面美观等提出较高的要求。区别于平面设计，它的迭代周期比较短，跟随软件应用的版本，UI界面需要经常性的调整，因此在设计过程中需要对整个界面图形的美感有一定成熟的把握。为了使设计满足可用性要求，全面地了解用户特征及多元化要求是十分必要的。这就需要找到正确的方法来记录和实现多元化的用户要求，如图9-1所示。

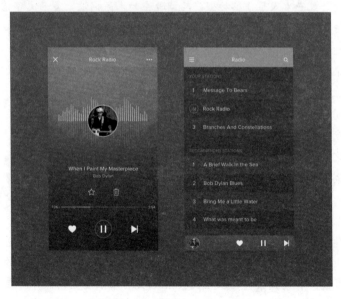

图9-1

9.1.1 主题市场应用界面设计

　　主题市场应用界面设计指用户的操作界面，包含移动APP、网页、智能穿戴设备等。UI设计主要指界面的样式、美观程度。在使用上，对软件的人机交互、操作逻辑、界面美观的整体设计则是同样重要的另一个门类，如图9-2所示。

主题市场应用界面设计规范主要包括以下几点。

图9-2

- ▶ **一致性**：坚持以用户体验为中心设计原则，界面直观、简洁，操作方便快捷，用户接触软件后对界面上对应的功能一目了然，不需要太多培训就可以方便使用本应用系统。

- ▶ **字体**：保持字体及颜色一致，避免一套主题出现多个字体；不可修改的字段，统一用灰色文字显示。

- ▶ **对齐**：保持页面内元素对齐方式的一致，如无特殊情况应避免同一页面出现多种数据对齐方式。

- ▶ **鼠标手势**：可单击的按钮、链接需要切换鼠标手势至手型。

- ▶ **保持功能及内容描述一致**：避免同一功能描述使用多个词汇，如编辑和修改，新增和增加，删除和清除混用等。建议在项目开发阶段建立一个产品词典，包括产品中常用术语及描述，设计或开发人员严格按照产品词典中的术语词汇来展示文字信息。

- ▶ **准确性**：使用一致的标记、标准缩写和颜色，显示信息的含义应该非常明确，用户不必再参考其他信息源。显示有意义的出错信息，而不是单纯的程序错误代码。避免使用文本输入框来放置不可编辑的文字内容，不要将文本输入框当成标签使用。使用缩进和文本来辅助理解。使用用户语言词汇，而不是单纯的专业计算机术语。高效地使用显示器的显示空间，但要避免空间过于拥挤。保持语言的一致性，如"确定"对应"取消"，"是"对应"否"。

- ▶ **布局合理化**：在进行UI设计时需要充分考虑布局的合理化问题，遵循用户从上而下，自左向右的浏览、操作习惯，避免常用业务功能按键排列过于分散，以造成用户鼠标移动距离过长的弊端。多做"减法"运算，将不常用的功能区块隐藏，以保持界面的简洁，使用户专注于主要业务操作流程，有利于提高软件的易用性及可用性。

- ▶ **操作合理性**：尽量确保用户在不使用鼠标（只使用键盘）的情况下也可以流畅地完成一些常用的业务操作，各控件间可以通过Tab键进行切换，并将可编辑的文本全选处理。查询检索类页面，在查询条件输入框内按Enter键自动触发查询操作。在进行一些不可逆或者删除操作时应该有信息提示用户，并让用户确认是否继续操作，必要时应该把操作造成的后果也告诉用户。信息提示窗口的"确认"及"取消"按钮需要分别映射键盘按键"Enter"和"ESC"。避免使用鼠标双击动作，不仅会增加用户操作难度，还可能会引起用户误会，认为该功能单击无效。表单录入页面，需要把输入焦点定位到第一个输入项。用户通过Tab键可以在输入框或操作按钮间切换，并注意Tab的操作应该遵循从左向右、从上而下的顺序。

9.1.2　视觉界面设计的基本构成要素

视觉界面设计的三大基本设计元素是形状、颜色、版式。每一个设计都有不同的视觉表现，形、色、质相辅相成。每一个界面也有不同的组成元素，文字、组件、图标交融交错。每一个组成部分都有特定条件下的前提以促成他们在视觉表现上的一致性。

1．界面的形

具体分为外形、内形。外形侧重界面的外在具体形状。内形对界面的内容进行并列和分割。

2．界面的色

色彩的选择是影响视觉一致性重要的前提。界面多色搭配会让画面显得更加丰富、多彩，充满趣味性，但若控制不好，也容易使画面变得突兀，失去平衡。因此，搭配色彩时应注意区分主次，按比例进行调和。

3．界面的质

界面的质也称为界面的厚度，是造成用户视觉愉悦感与沉重感的原因之一；当然色彩的明度选择也是引起视觉愉悦感与沉重感的原因。

9.2　用户界面（UI）设计案例解析

9.2.1　进度表界面设计

实例解析 ●●●

本案例讲解如何制作进度表，进度指数是UI界面设计中十分常见的设计元素，使UI整体信息十分直观地展现给受众，在制作过程中注意渐变颜色的过渡，效果如图9-3所示。

图9-3

设计过程 ●●●

（1）激活工具箱中的【椭圆形工具】○，按住Ctrl键绘制一个正圆，设置其【填充】为无，【轮廓】为深灰色（R：66，G：60，B：59），【轮廓宽度】为5mm，效果如图9-4所示。

（2）激活工具箱中的【矩形工具】□，绘制一个矩形，设置其【填充】为黑色，【轮廓】为无，单击鼠标右键更改顺序为【到页面背面】，效果如图9-5所示。

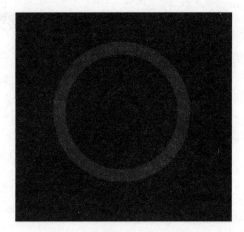

图9-4   图9-5

（3）选中正圆形，按Ctrl+C、Ctrl+V快捷键复制。将复制的正圆形设置其【轮廓】为白色，【轮廓宽度】更改为10，效果如图9-6所示。

（4）选中正圆形，执行菜单栏中的【对象】→【将轮廓转换为对象】命令。

（5）激活工具箱中的【矩形工具】□，在正圆左下角位置绘制一个矩形，设置其【填充】为无，【轮廓】为细线，如图9-7所示。

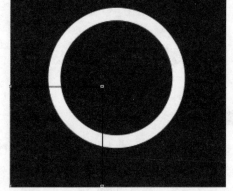

图9-6   图9-7

（6）同时选中正圆形以及左下角矩形，单击属性栏中的【修剪】按钮，对图形进行修剪，效果如图9-8所示。

（7）激活工具箱中的【交互式填充工具】，再单击属性栏中的【渐变填充】按钮，在图形上拖动，设置其【填充】依次为黄色（R：255，G：189，B：6）、绿色（R：0，G：200，B：37）的线性渐变，效果如图9-9所示。

图9-8 图9-9

（8）激活工具箱中的【文字工具】字，输入相关文字，设置字体为Brush Script Std，字号为72pt，颜色为白色，效果如图9-10所示。

图9-10

9.2.2 天气平面图标

实例解析

本案例讲解如何制作天气图标，天气图标设计需注意它的设计感，给人视觉上简洁明了的感受，最终效果如图9-11所示。

图9-11

设计过程 ● ● ●

（1）激活工具箱中的【矩形工具】囗，绘制一个矩形，设置其【填充】为无，【轮廓】为0.1mm，效果如图9-12所示。

（2）激活工具箱中的【交互式填充工具】，再单击属性栏中的【渐变填充】按钮，在图形上拖动，设置其【填充】为蓝色（R：35，G：113，B：150）、淡蓝色（R：25，G：210，B：153）的线性渐变，【轮廓】更改为无，效果如图9-13所示。

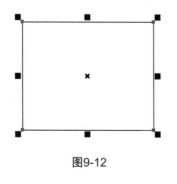

图9-12 图9-13

（3）激活工具箱中的【形状工具】，拖动矩形右上角节点，将其转换为圆角矩形，效果如图9-14所示。

（4）激活工具箱中的【椭圆工具】○，按住Ctrl键绘制一个正圆，设置其【填充】为黄色（R：241，G：229，B：63），【轮廓】为无，效果如图9-15所示。

图9-14   图9-15

（5）激活工具箱中的【钢笔工具】，在正圆旁边位置绘制一个云朵图形，设置其【填充】为白色，【轮廓】为无，效果如图9-16所示。

（6）选中云朵图形，激活工具箱中的【透明度工具】，在图形上拖动，完成透明度效果的制作，如图9-17所示。

图9-16   图9-17

9.2.3　日历平面图标

本案例讲解如何制作日历图标，此款图标作为典型的扁平化图标风格，整体表现形式简洁，制作过程比较简单，效果如图9-18所示。

设计过程

（1）激活工具箱中的【矩形工具】□，绘制一个矩形，设置其【填充】为浅红色（R：245，G：98，B：54），【轮廓】为白色，【轮廓宽度】为5mm，效果如图9-19所示。

（2）激活工具箱中的【形状工具】，拖动矩形右上角节点，将其转换为圆角矩形，效果如图9-20所示。

图9-18

图9-19

图9-20

（3）激活工具箱中的【文字工具】，输入相关文字，设置字体为Arial，字号为150pt，将字体加粗并设置其为白色，效果如图9-21所示。

（4）激活工具箱中的【矩形工具】□，在文字上半部分位置绘制一个矩形，同时选中矩形框及文字，单击属性栏中的【相交】□按钮，效果如图9-22所示。

图9-21

图9-22

（5）继续同时选中矩形框及文字，单击属性栏中的【修剪】□按钮，对图形进行修剪，并将矩形删除，效果如图9-23所示。

（6）选中文字下半部分，如图9-24所示，此时"17"图形变为上、下两部分。

图9-23

图9-24

（7）激活工具箱中的【矩形工具】□，在上半部分文字位置绘制一个矩形，设置其【填充】为深红色（R：196，G：73，B：35），【轮廓】为无，效果如图9-25所示。

（8）选中矩形图形，激活工具箱中的【透明度工具】▨，在图形上拖动，效果如图9-26所示。

图9-25

图9-26

（9）激活工具箱中的【矩形工具】□，在文字左侧位置绘制一个矩形，设置其【填充】为白色，【轮廓】为无，效果如图9-27所示。

（10）选中小矩形并向右侧平移复制，效果如图9-28所示。

图9-27

图9-28

（11）激活工具箱中的【文字工具】字，输入相关文字，设置字体为Arial，字号为18pt，将字体加粗并设置其为白色，效果如图9-29所示。

图9-29

9.2.4 视频平面图标设计

实例解析 ●●●

本案例讲解如何制作视频图标，这款视频图标具有比较强的可识别性，它的制作过程比较简单，效果如图9-30所示。

设计过程 ●●●

（1）激活工具箱中的【矩形工具】口，绘制一个矩形，设置【轮廓】为无，效果如图9-31所示。

图9-30

（2）激活工具箱中的【交互式填充工具】◈，再单击属性栏中的【渐变填充】◢按钮，按住鼠标左键在图形上拖动，设置其【填充】为青绿色（R：110，G：230，B：140）-淡蓝色（R：53，G：169，B：227）的线性渐变，效果如图9-32所示。

图9-31　　　　　　　　　　　　　　　图9-32

（3）激活工具箱中的【形状工具】♦，拖动矩形右上角节点，将其转换为圆角矩形，效果如图9-33所示。

（4）激活工具箱中的【矩形工具】口，在图标顶部位置绘制一个矩形，设置【轮廓】为无，效果如图9-34所示。

（5）激活工具箱中的【交互式填充工具】◈，再单击属性栏中的【渐变填充】◢按钮，按住鼠标左键在图形上拖动，设置其【填充】为淡灰色（R：232，G：232，B：232）到白色（R：255，G：255，B：255）的线性渐变，效果如图9-35所示。

（6）激活工具箱中的【矩形工具】▢，绘制一个矩形，设置其【填充】为无，【轮廓】为深灰色（R：41，G：40，B：40），【轮廓宽度】为6mm，效果如图9-36所示。

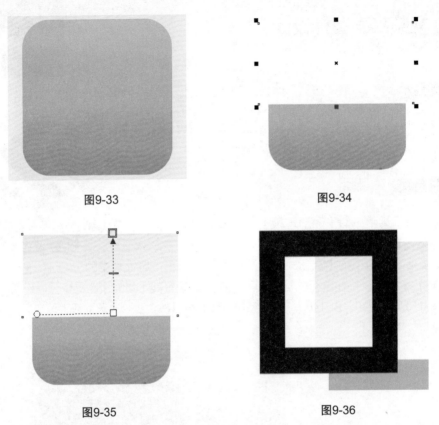

图9-33

图9-34

图9-35

图9-36

（7）同时选中镂空矩形，按Ctrl+C快捷键复制，按Ctrl+V快捷键粘贴，在属性栏的【旋转角度】文本框中输入45，并将矩形高度缩小，效果如图9-37所示。

（8）如图9-38所示，沿对角线绘制矩形框，同时选中两者，单击属性栏中的【修剪】▢按钮，效果如图9-39所示。

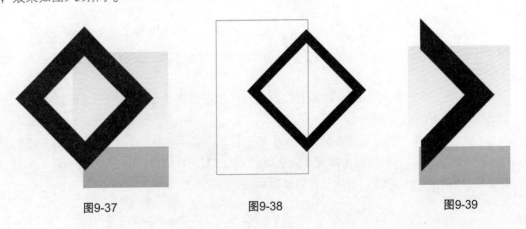

图9-37

图9-38

图9-39

（9）选中图形并向右侧平移复制，按Ctrl+D快捷键将图形再次复制3份，效果如图9-40所示。

（10）同时选中4个箭头图形以及浅灰色矩形，执行菜单栏中的【对象】→【图像精确剪裁】→【置于图文框内部】命令，将箭头置入下方矩形内部，效果如图9-41所示。

图9-40　　　　　　　　　　　　图9-41

（11）同样方法将灰色图形置入到底部圆角矩形中，效果如图9-42所示。

9.2.5　画板平面图标设计

图9-42

实例解析 ●●●

本案例讲解如何制作画板图标，此款图标作为典型的扁平化图标风格，图标整体效果简洁而舒适，效果如图9-43所示。

设计过程 ●●●

（1）激活工具箱中的【矩形工具】□，绘制一个矩形，设置其【填充】为浅红色（R：236，G：115，B：96），【轮廓】为无，效果如图9-44所示。

（2）激活工具箱中的【形状工具】、，拖动矩形右上角节点，将其转换为圆角矩形，效果如图9-45所示。

图9-43

图9-44

图9-45

（3）激活工具箱中的【椭圆形工具】○，绘制一个椭圆，设置其【填充】为灰色（R：161，G：161，B：161），【轮廓】为无，效果如图9-46所示。

（4）在椭圆形图形右下角位置再次绘制一个稍小的椭圆，设置其【填充】为蓝色（R：82，G：194，B：241），【轮廓】为无，效果如图9-47所示。

图9-46

图9-47

（5）同时选中两个椭圆图形，单击属性栏中的【修剪】凸按钮，对图形进行修剪，完成之后将小椭圆移至旁边位置备用，效果如图9-48所示。

（6）选中椭圆形，按Ctrl+C、Ctrl+V快捷键复制该对象，将其【填充】更改为白色，并将椭圆形高度适当缩小，效果如图9-49所示。

图9-48

图9-49

（7）选中备用的椭圆形，将其移动至大椭圆靠左侧位置并更改其颜色，效果如图9-50所示。

（8）选中小椭圆形，将其移动复制两份并更改为不同的颜色，效果如图9-51所示。

▶ TIP：由于是画板的颜色，可以根据实际情况更改小椭圆形的颜色。

（9）激活工具箱中的【钢笔工具】♦，在适当的位置绘制一个笔杆形状的图形，设置其【填充】为深棕色（R：128，G：70，B：54），效果如图9-52所示。

（10）激活工具箱中的【钢笔工具】♦，在笔杆图形左上角位置绘制一个笔头形状的图形，设置其【填充】为橘红色（R：252，G：140，B：28），效果如图9-53所示。

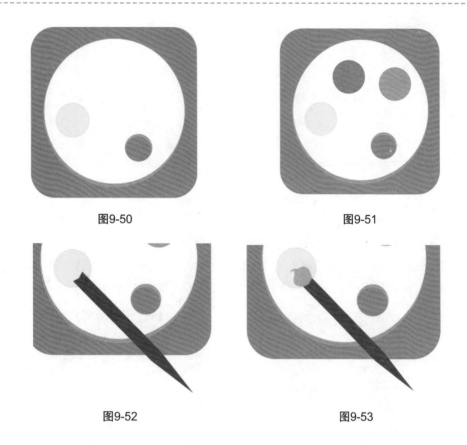

图9-50

图9-51

图9-52

图9-53

9.2.6 地图平面图标设计

实例解析

本案例讲解如何制作地图图标，在创作过程中以地图与标记为主视觉图形，无论是扁平化还是写实都能得到完美的图标效果，如图9-54所示。

设计过程

图9-54

（1）激活工具箱中的【矩形工具】□，按住Ctrl键绘制一个矩形，设置其【填充】为蓝色（R：30，G：214，B：165），【轮廓】为无，效果如图9-55所示。

（2）激活工具箱中的【形状工具】↖，拖动矩形右上角节点，将其转换为圆角矩形，效果如图9-56所示。

图9-55 图9-56

（3）选中圆角矩形，激活工具箱中的【阴影工具】 ，拖动鼠标添加阴影效果，在属性栏中将【阴影羽化】更改为5，【不透明度】更改为20，效果如图9-57所示。

（4）激活工具箱中的【钢笔工具】 ，在圆角矩形位置绘制一个不规则图形，设置其【填充】为黄色（R: 252，G: 207，B: 39），【轮廓】为白色，【轮廓宽度】为1.5mm，效果如图9-58所示。

图9-57 图9-58

（5）激活工具箱中的【钢笔工具】 ，在刚才绘制的图形位置绘制一个折纸图形，设置其【填充】为深黄色（R: 219，G: 183，B: 51），【轮廓】为无，效果如图9-59所示。

（6）继续在右侧位置再次绘制一个相似的图形，效果如图9-60所示。

图9-59 图9-60

（7）同时选中两个深黄色不规则图形，执行菜单栏中的【对象】→【图像精确剪裁】→【置于图文框内部】命令，将图形置入下方图形内部，形成暗部，效果如图9-61所示。

（8）激活工具箱中的【椭圆形工具】○，按住Ctrl键绘制一个正圆，设置其【填充】为深橙色（R：236，G：105，B：36），【轮廓】为无，效果如图9-62所示。

图9-61

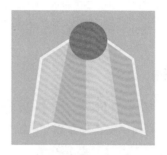

图9-62

（9）选中椭圆形，按Ctrl+C、Ctrl+V快捷键复制该图形，然后等比例缩小，效果如图9-63所示（周围9个色块表示刚刚复制的椭圆）。

（10）同时选中两个正圆图形，单击属性栏中的【修剪】 按钮，对图形进行修剪，将内部正圆删除，效果如图9-64所示。

图9-63

图9-64

（11）激活工具箱中的【钢笔工具】，在镂空正圆底部绘制一个不规则图形，设置其【填充】为深橙色（R：236，G：105，B：36），【轮廓】为无，效果如图9-65所示。

（12）同时选中两个图形，单击属性栏中的【合并】 按钮，将图形合并用以制作标记图形。

（13）选中标记图形，激活工具箱中的【阴影工具】，拖动添加阴影效果，在属性栏中将【阴影羽化】更改为5，【不透明度】更改为20，这样完成效果的制作，如图9-66所示。

图9-65

图9-66

9.2.7　天气界面设计

本案例讲解如何制作天气界面设计，在制作过程中以天气元素为主体视觉图形，扁平化的界面设计能直观地表现天气数据，效果如图9-67所示。

设计过程 ●●●

（1）激活工具箱中的【矩形工具】□，绘制一个矩形，设置其【填充】为无，【轮廓】为无。

（2）激活工具箱中的【交互式填充工具】◈，再单击属性栏中的【渐变填充】按钮，在图形上拖动，设置其【填充】参数依次为蓝色（R：18，G：39，B：84）、蓝色（R：255，G：255，B：255）的线性渐变，然后单击属性栏中的【平滑】按钮，效果如图9-68所示。

第9章　素材

图9-67　　　　　　　　　　　　　　图9-68

（3）激活工具箱中的【形状工具】◖，拖动矩形右上角节点，将其转换为圆角矩形，效果如图9-69所示。

（4）执行菜单栏中的【文件】→【导入】命令，选择"第9章→素材→极光.eps"文件，单击【导入】按钮，调整素材位置以及大小，效果如图9-70所示。

（5）选中炫光图像，激活工具箱中的【透明度工具】▧，在对象属性对话框中将【合并模式】更改为屏幕，效果如图9-71所示。

（6）激活工具箱中的【矩形工具】□，在界面底部绘制一个矩形，设置其【填充】为黑色，【轮廓】为无，效果如图9-72所示。

（7）选中黑色矩形，激活工具箱中的【透明度工具】▧，将不透明度更改为70，在对象属性对话框中将【合并模式】更改为柔光，效果如图9-73所示。

（8）选中矩形，复制两份并将其向上移动，效果如图9-74所示。

（9）执行菜单栏中的【文件】→【导入】命令，选择"第9章→素材→天气图标.eps"文件，单击【导入】按钮，调整素材位置以及大小，并将轮廓颜色更改为白色，效果如图9-75所示。

图9-69

图9-70

图9-71

图9-72

图9-73

图9-74

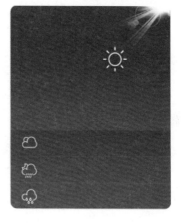

图9-75

（10）激活工具箱中的【文字工具】字，输入相关文字，设置字体为Arial，字号为15pt，颜色为白色，效果如图9-76所示。

（11）选中"-11"，激活工具箱中的【阴影工具】▨，拖动鼠标添加阴影效果，在属性栏中将【阴影羽化】更改为5，【不透明度】更改为30，如图9-77所示。

图9-76

图9-77

（12）选中太阳图标，激活工具箱中的【阴影工具】▨，再单击属性栏中的【复制阴影效果属性】按钮，将光标移动至"-11"文字阴影位置单击，效果如图9-78所示。

（13）以同样的方法分别为其他文字以及图标添加相同的阴影效果，如图9-79所示。

图9-78

图9-79

9.2.8　用户信息界面

本案例讲解如何制作用户信息界面，在制作过程中以区域化的图形图像为主，将用户头像信息放大使其更加醒目，以便更好体现出用户的信息，效果如图9-80所示。

图9-80

设计过程

（1）激活工具箱中的【矩形工具】□，绘制一个矩形，设置其【填充】为深灰色（R：61，G：65，B：82），【轮廓】为无，效果如图9-81所示。

（2）激活工具箱中的【形状工具】↖，拖动矩形右上角节点，将其转换为圆角矩形，效果如图9-82所示。

图9-81　　　　　　　　　　　图9-82

（3）选中圆角矩形，激活工具箱中的【透明度工具】▨，将不透明度更改为30，在对象属性对话框中将【合并模式】更改为柔光，效果如图9-83所示。

（4）激活工具箱中的【椭圆形工具】○，在圆角矩形上部按Ctrl键绘制一个正圆，设置其【填充】为白色，【轮廓】为无，并复制该圆待用，效果如图9-84所示。

图9-83　　　　　　　　　　　图9-84

（5）执行菜单栏中的【文件】→【导入】命令，选择"第9章→素材→用户头像.jpg"文件，调整素材位置以及大小，效果如图9-85所示。

（6）调整素材位置以及大小，再加选图形，执行菜单栏中的【对象】→【图像精确剪裁】→【置于图文框内部】命令，将素材置入圆形内部，效果如图9-86所示。

图9-85

图9-86

（7）将待用的正圆【填充】更改为无，【轮廓】更改为白色，【轮廓宽度】更改为2mm，在【轮廓笔】面板中将【位置】更改为外部轮廓，效果如图9-87所示。

（8）选中圆形轮廓，激活工具箱中的【透明度工具】▨，将不透明度更改为30，在对象属性对话框中将【合并模式】更改为柔光，效果如图9-88所示。

图9-87

图9-88

（9）激活工具箱中的【椭圆形工具】◯，按住Ctrl键绘制一个正圆，设置其【填充】为橙色（R：236，G：105，B：36），【轮廓】为白色，【轮廓宽度】更改为0.5mm，效果如图9-89所示。

（10）激活工具箱中的【文字工具】字，输入相关文字，设置字体为Arial，字号为15pt，颜色为白色，效果如图9-90所示。

图9-89

图9-90

（11）选中文字【身于黑暗，心处光明】，激活工具箱中的【透明度工具】▨，将不透明度更改为30，在对象属性对话框中将【合并模式】更改为柔光，效果如图9-91所示。

（12）激活工具箱中的【矩形工具】□，在圆角矩形底部位置绘制一个矩形，设置其【填充】为白色，【轮廓】为无，效果如图9-92所示。

（13）选中矩形，激活工具箱中的【透明度工具】▨，将不透明度更改为30，在对象属性对话框中将【合并模式】更改为柔光，效果如图9-93所示。

图9-91　　　　　　　　　　　图9-92　　　　　　　　　　　图9-93

（14）激活工具箱中的【矩形工具】□，在矩形位置绘制一个长条矩形，设置其【填充】为黑色，【轮廓】为无，将矩形向右侧平移并复制，效果如图9-94所示。

（15）同时选中两个黑色矩形以及下方矩形，单击属性栏中的【修剪】┗┓按钮，对图形进行修剪，并将黑色矩形删除，效果如图9-95所示。

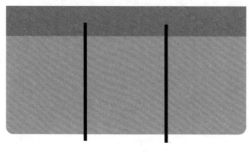

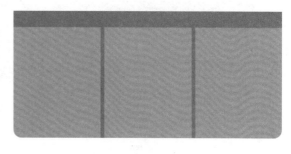

图9-94　　　　　　　　　　　　　　图9-95

（16）选中底部的矩形，执行菜单栏中的【对象】→【图像精确剪裁】→【置于图文框内部】命令，将图形置入圆角矩形，效果如图9-96所示。

（17）激活工具箱中的【矩形工具】□，在底部矩形顶部边缘绘制一个矩形，设置其【填充】为淡蓝色（R：117，G：143，B：200），【轮廓】为无，效果如图9-97所示。

（18）继续在右侧位置绘制两个小矩形，分别设置其【填充】为橙色（R：240，G：133，B：25）以及冰蓝色（R：167，G：156，B：203），【轮廓】为无，效果如图9-98所示。

（19）激活工具箱中的【文字工具】字，输入相关文字，设置字体为"微软雅黑"，字号为15pt，颜色为白色，效果如图9-99所示。

图9-96

图9-97

图9-98

图9-99